U0259527

智慧海绵城市系统构建系列丛书 第一辑 4
丛书主编 曹 磊 杨冬冬

城市广场海绵系统规划设计

Planning and Design of Sponge System of City Square

赵 新 曹 易 罗俊杰 雷泽鑫 张 冉 著

图书在版编目（CIP）数据

城市广场海绵系统规划设计 / 赵新等著． — 天津：天津大学出版社，2022.6
（智慧海绵城市系统构建系列丛书．第一辑；4）
ISBN 978-7-5618-7211-6

Ⅰ．①城… Ⅱ．①赵… Ⅲ．①广场—城市规划—建筑设计—研究 Ⅳ．①TU984.18

中国版本图书馆CIP数据核字（2022）第098778号

CHENGSHI GUAGNCHANG HAIMIAN XITONG GUIHUA SHEJI

出版发行　天津大学出版社
地　　址　天津市卫津路92号天津大学内（邮编：300072）
电　　话　发行部：022-27403647
网　　址　www.tjupress.com.cn
印　　刷　廊坊市瑞德印刷有限公司
经　　销　全国各地新华书店
开　　本　787mm×1092mm　1/16
印　　张　9.25
字　　数　208千
版　　次　2022年6月第1版
印　　次　2022年6月第1次
定　　价　99.00元

序言

PREFACE

水资源作为基础的自然资源和具有战略性的经济资源，对社会经济发展有着重要影响。然而，中国目前所面临的水生态、水安全形势非常严峻。近年来，中国城市建设快速推进，道路硬化、填湖造地等工程逐渐增多，城市吸纳降水的能力越来越差，逢雨必涝、雨后即旱的现象不断发生，同时伴随着水质污染、水资源枯竭等问题，这些都给生态环境和人民生活带来了不良影响。

党的十九大报告指出，“建设生态文明是中华民族永续发展的千年大计”。我们要努力打造人与自然完美交融的“生态城市、海绵城市、智慧城市”。开展海绵城市建设对完善城市功能、提升城市品质、增强城市承载力、促进城市生态文明建设、提高人民生活满意度具有重要的现实意义。

伴随着海绵城市建设工作在全国范围的开展，我国的城市雨洪管理规划、设计、建设正从依靠传统市政管网的模式向开发灰色、绿色基础设施耦合的复合化模式转变。海绵城市建设虽然已取得很大进步，但仍不可避免地存在很多问题，如经过海绵城市建设后城市内涝情况时有发生，人们误以为这是因为低影响开发绿色系统构建存在问题，实际上这是灰色系统和超标雨水蓄排系统缺位所导致的。即使在专业领域，海绵城市的理论研究、规划设计、建设及运营维护等各环节依然存在很多需要深入研究的问题，如一些城市海绵专项规划指标制定得不合理；一些项目的海绵专项设计为达到海绵指标要求而忽视了景观效果，给海绵城市建设带来了负面评价和影响。事实上，海绵城市建设既是城市生态可持续建设的重要手段，也是城市内涝防治的重要一环，还是建设地域化景观的重要基础，它的这些重要作用亟待被人们重新认知。海绵城市建设仍然存在诸多关键性问题，我们需要考虑雨洪管理系统与绿地系统、河湖系统、土地利用格局的耦合，从而实现对海绵城市整体性的系统研究。不同城市或地区的地质水文条件、气候环境、场地情况等差异很大，这就要求我们因“天”“地”制宜，制定不同的海绵城市建设目标和策略，采取不同的规划设计方法。此外，海绵城市专项规划也需要与城市绿地系统、城市排水系统等相关专项规划在国土空间规划背景下重新整合。

作者团队充分发挥天津大学相关学科群的综合优势，依托建筑学院、建筑工程学院、环境科学与工程学院的国内一流教学科研平台，整合包括风景园林学、水文学、水力学、环境科学在内的多个学科的相关研究，在智慧海绵城市建设方面积累了丰硕的科研成果，为本丛书的出版提供了重要的理论和数据支撑。

作者团队借助基于地理信息系统与产汇流过程模拟模型的计算机仿真技术，深入研究和探讨了海绵城市景观空间格局的构建方法，基于地区降雨特点的雨洪管理系统构建、优化、维护及智能运行方案，形成了智慧化海绵城市系统规划理论与关键建造技术。作者团队将这些原创性成果编辑成册，形成一套系统的海绵城市建设丛书，从而为保护生态环境提供科技支撑，为各地的海绵城市建设提供理论指导，为美丽中国建设贡献一份力量。同时，本丛书对于改进我国城市雨洪管理模式、提高我国城市雨洪管理水平、保障我国海绵城市建设重大战略部署的落实均具有重要意义。

“智慧海绵城市系统构建系列丛书 第一辑”获评 2019 年度国家出版基金项目。本丛书第一辑共有 5 册，分别为《海绵城市专项规划技术方法》《既有居住区海绵化改造的规划设计策略与方法》《城市公园绿地海绵系统规划设计》《城市广场海绵系统规划设计》《海绵校园景观规划设计图解》，从专项规划、既有居住区、城市公园绿地、城市广场和校园等角度对海绵城市建设的理论、技术和实践等内容进行了阐释。本丛书具有理论性与实践性融合、覆盖面与纵深度兼顾的特点，可供政府机构管理人员和规划设计单位、项目建设单位、高等院校、科研单位等的相关专业人员参考。

在本丛书出版之际，感谢国家出版基金规划管理办公室的大力支持，没有国家出版基金项目的支持和各位专家的指导，本丛书实难出版；衷心感谢北京土人城市规划设计股份有限公司、阿普贝思（北京）建筑景观设计咨询有限公司、艾奕康（天津）工程咨询有限公司、南开大学黄津辉教授在本丛书出版过程中提供的帮助和支持。最后，再一次向为本丛书的出版做出贡献的各位同人表达深深的谢意。

曹磊

2022 年 3 月

前言

FOREWORD

海绵城市是在我国生态文明建设的背景下，城市雨洪管理从传统的依靠管网的单一方式向多层级、复合化方式转变的产物，是重新建立城市健康水文循环过程的新型城市发展概念。在海绵城市建设的背景下，城市绿地汇聚雨水、蓄洪排涝、补充地下水、净化水体的功能得到了前所未有的关注，它以雨水花园、下凹绿地、植物过滤带等多样化景观形式呈现，实现了城市雨洪管理能力和景观风貌的双重提升。

但在近 10 年海绵城市建设的热潮中，我们也看到，虽然我国已布局多个国家海绵城市建设试点城市，但由于海绵城市建设的起点低，而蕴含于其中的学科知识和专业技术交叉性强，一些城市的海绵城市建设效果并不尽如人意，人们对海绵城市的质疑逐渐增多。因此，我们亟须对海绵城市规划、设计过程中的一些共性问题进行重新研究和系统思考。这些问题集中表现在以下 3 个方面。

（1）相关人员对海绵系统、低影响开发雨水系统和管渠系统之间的关系认识模糊，对年径流总量控制率的基本概念理解不深，这直接导致他们对海绵城市专项规划编制的方法、深度和内容认识不到位，从而简化、分割了控制指标与项目建设方案。

（2）相关人员对海绵城市规划、设计、建设工作的难度认知不足，将海绵城市的建设内容狭义地局限于低影响开发措施的使用，如不少城市老旧居住区的海绵化改造由于忽视了绿地的空间布局和竖向关系，简单地在极其有限的绿地中采用低影响开发措施，这些不恰当的措施引起了居民的不满，直接导致了居民对海绵城市的质疑。

（3）相关人员的海绵措施选择单一，导致不同城市空间中的海绵景观雷同，海绵城市设计目标、方法相似。

针对上述问题，天津大学建筑学院曹磊教授、杨冬冬副教授带领课题组将交叉学科研究与景观设计实践和经验相结合，致力于全过程、多维度的生态化雨洪管理统的构建研究，并在国家出版基金的资助下，撰写了“智慧海绵城市系统构建系列丛书 第一辑”共5册图书。其中《海绵城市专项规划技术方法》系统介绍了海绵城市专项规划的编制内容、步骤和方法，并对海绵城市专项规划的难点和重点——低影响开发系统指标体系的计算方法和海绵空间格局的规划技术方法进行了详细解析。《既有居住区海绵化改造的规划设计策略与方法》从空间布局和节点设计两个层面梳理了老旧居住区海绵化改造中的问题、难点及其解决方案。《城市公园绿地海绵系统规划设计》《城市广场海绵系统规划设计》《海绵校园景观规划设计图解》这3本书则分别针对城市公园绿地、城市广场和校园这3种城市空间的特点和需求，从水文计算、景观审美的角度出发，对海绵系统的景观规划设计方法进行了系统阐释。

本书是作者团队对海绵城市规划设计“研究”和“实践”两方面工作的总结和提炼。我们希望能通过本书与读者分享相关的方法、方案和技术，在此感谢加拿大女王大学教授、天津大学兼职教授布鲁斯·C.安德森（Bruce C.Anderson）教授的指导和支持，感谢吕薇、张益豪等同学在书稿整理过程中给予的协助。由于作者水平有限，书中难免存在疏漏、错误之处，敬请读者批评指正。

著者

2022年3月

目录
CONTENTS

第 1 章 城市广场发展概述

《中国大百科全书》将城市广场定义为由建筑物、道路或绿化地带围绕而成的开敞空间，它是城市公众社会生活的中心，也是集中反映城市历史文化和艺术面貌的建筑空间。《城市绿地分类标准》（CJJ/T 85—2017）将广场用地定义为“以游憩、纪念、集会和避险等功能为主的城市公共活动场地”，并提出“绿化占地比例宜大于或等于 35%；绿化占地比例大于或等于 65% 的广场用地计入公园绿地”。《城市广场设计》一书对城市广场的定义是“满足多种城市社会生活需求的、具有一定主题思想和规模的节点型城市户外公共活动空间”。上述定义对广场的空间形态、功能属性和场所情感做出了限定，即广场是以硬质铺装为主的、供市民休闲活动的、由建筑或道路围合而成的集中式公共空间。广场为满足城市社会生活要求与居民日常活动需求而设置，具有集会、交通集散、游览休憩、商业服务及文化宣传等不同功能。

广场是城市中最古老的外部空间形式。城市广场承接市民休闲活动，承载城市文脉，是城市空间的重要构成要素之一，也是城市文化的重要组成部分，有“城市客厅”之美誉，如图 1-1 所示。

图1-1 天津文化中心广场（杨鸿钦摄）

1.1 城市广场的演变与分类

1.1.1 城市广场的演变

城市广场初现于古希腊时期。这一时期的广场主要作为市民议政、物品交换和户外社交活动的场地。古希腊人民拥有很大的政治权利，人们将城市广场作为参与国家政治的平台，并在广场上定期进行集会，讨论法律条文或宣布政治领袖的决策。这一时期的城市广场通常由单层或双层的、带柱廊长厅的建筑物围合而成，形成多个进深空间，柱廊衔接着的室内外空间为人们进行政治、法律、经济、宗教和文化方面的活动提供场所。古罗马时期的城市广场形制与古希腊晚期的相仿，空间形式开敞，布局自由。但是随着古罗马帝国体制的建立，城市广场逐渐成为城市中宗教与政治活动的中心。在君权主义的影响下，城市广场成为统治者彰显君权、凸显政治力量的主要场所。这一时期的广场形态主要通过宏大的尺度、明确的轴线、对称的布局、封闭规整的空间给人以雄浑壮丽之感，而且更加注重空间围合而成的整体感。广场通常由独立敞廊环绕围合，这是这一时期广场空间的鲜明特点。中世纪的社会经济结构变化引起了广场空间的改变。城市广场逐渐侧重市场功能，并成为城市活动的中心。广场布局表现出自由活泼的特点。

文艺复兴时期的人文主义价值观推动了城市的不同功能与空间形式的相互匹配。经历了文艺复兴时期，到古典主义后期，设计师们的广场设计理念变得更加理性与严谨，广场的平面形状多由规整、对称的几何图形构成。这段时期的广场与中世纪的广场相比在功能上发生了很大变化，空间在为人所用的同时也被赋予了理性的象征意义，从而形成了现代城市广场的雏形。

中西方文化在社会习俗、文化传统、政治观念等方面存在的差异，造就了中西方广场在发展上的区别。中国古代城市广场呈隐性发展状态。城市广场为公众提供休憩、交往的集中式公共空间。在这一视角下，中国古代虽然没有专门的广场空间，但是有具备这种特性的公共活动区域，例如古代城市的寺观前的开阔空地是重要的公共活动场所，用以定期举办庙会等传统民俗文化活动；传统村落中以戏台、照壁等建筑要素界定的村落中心区域的开阔空间承载了村民祭拜、集会、活动、娱乐等公共活动；江南水乡中形态自由的桥头空地也成为传统城镇居民贸易、交往、休憩、聚集的公共空间。

鸦片战争以后，在中国半殖民地半封建社会的形态下，帝国主义国家按照西方的城市发展模式和殖民意图在中国城市租界区进行了规划建设，建造了一些具有西方特色的城市广场，大连、青岛、哈尔滨、天津等城市的部分广场形态依旧保持了近代西方广场的空间特征，如天津意式风情区的马可波罗广场（图 1-2）。

中华人民共和国成立后，我国的城市中建设了一些大型广场，如北京天安门广场、太原五一广场、南昌八一广场、兰州东方红广场等。这些大型广场一般规模尺度较大，平面模式较单一，布局追求规则感与对称性，大多数以大面积硬质铺装为主，广场绿化率较低，中心位置多放置高大的纪念性雕塑或纪念碑等构筑物形成广场的视线焦点，给人以庄严肃穆之感，具有很强的政治纪念性。

图1-2 天津意式风情区的马可波罗广场（组图）（杨鸿钦摄）

1.1.2 现代城市广场的分类

随着现代城市的建设和发展，市民的社会生活趋于多元化。相应地，城市广场为社交集会、科普宣传、文化展示、市民健身休闲等提供场所。此外，随着城市的扩张，城市空间不断被细分，依据所处位置的差异以及周边建筑或交通环境的不同，城市中出现了满足不同功能的广场类型。根据不同的使用功能，常见的广场类型有以下几种。

1. 市政广场

市政广场多修建在城市的政治中心附近，如市政机关的正前方等。这类广场通常占地面积较大，由城市主干道和行政建筑围合而成，具有对称式布局，轴线分明，空间开敞。市政广场为政府的大型活动提供场地支持，是市民参与城市政务的象征，有着强烈的城市标志性，体现城市的整体形象，也是展示城市文化和历史发展的重要场所，能增强市民的凝聚力与认同感。市政广场示例如图 1-3 所示。

图1-3 市政广场示例（天津文化中心广场）

2. 大型公共建筑附属广场

城市图书馆、博物馆、剧院和体育馆等大型公共建筑旁大多拥有尺度较大的附属广场。这些附属广场是城市公共建筑的重要组成部分，它们在满足城市公共建筑对周边场地特定功能需求的同时，也有衬托主要建筑、改善周边环境、凸显城市形象、满足市民活动需求等作用，如天津自然博物馆前广场（图 1-4）和天津博物馆前广场（图 1-5）。

图1-4 天津自然博物馆前广场（杨鸿钦摄）

图1-5 天津博物馆前广场（杨鸿钦摄）

3. 交通广场

交通广场主要包含道路交通广场和交通枢纽广场两类。位于交通干道交会处的道路交通广场（即道路环岛）一般以圆形为主。由于环岛是城市道路线性空间上的重要节点，其景观品质对整体道路景观乃至城市风貌都有较大的影响，因此，除了配以适当的绿化景观外，环岛广场上常常还设有体量较大的标志性构筑物或大型喷泉，起到美化道路形象、丰富城市景观的作用。交通枢纽广场则主要以提升人流、车流的集散效率为主，科学组织车流和人流。交通广场是城市的门户，位置重要，整个广场空间形式与设计特色应与周边风貌相协调，以提升城市整体环境的品质。交通广场示例如图 1-6 所示。

4. 商业广场

商业广场是最常见的城市广场类型之一，是体现城市生活特点的重要场所。商业广场一般位于城市核心区，此处商业活动相对集中，因此以步行环境为主，这样既便于顾客购物，又可避免人流与车流的相互影响。商业广场展现着“城市客厅”的魅力，通过营造丰富的空间形态与设计形式吸引人流，创造充满生机的现代城市商业环境。商业广场的景观环境与文化特色是展示城市魅力的重要方面。商业广场示例如图 1-7 所示。

5. 纪念性广场

纪念性广场多以纪念碑、雕塑、纪念馆等具有重大纪念意义的标志物作为场地视觉焦点。主题标志物通常位于广场的中心或其他重要位置，通过植物搭配等方式创造与纪念主题相一致的环境氛围。纪念性广场多具有较强的空间感染力，主题突出，特色鲜明。部分纪念性广场与市政广场、休闲活动广场合为一体，呈现出综合性、多元化的发展趋势，如图 1-8 所示。

图1-6 交通广场示例（天津世纪钟广场）（杨鸿钦摄）

图1-7 商业广场示例（天津劝业场前广场）（杨鸿钦摄）

6. 休闲活动广场

休闲活动广场多设置在城市街头、居住区、校园和旅游区中，也是常见的城市广场类型，如图 1-9 所示。此类广场尺度差异较大，形态多样，布局灵活。休闲活动广场是市民休憩、游玩、娱乐、社交的重要公共活动场所，不仅能够满足不同文化、不同习俗、不同年龄人群的日常活动需求，而且能够反映市民的生活特色，体现城市风貌。

图 1–8 纪念性广场示例（美国911纪念广场）（组图）

图 1–9 休闲活动广场示例（天津民园广场）（杨鸿钦摄）

1.2 城市广场的特征

随着现代城市政治经济、文化教育、社会生活等内容的日益丰富，人们对城市公共空间的功能需求与精神需求显著增多。现代城市广场顺应时代发展的需要，从传统意义上"广而敞"的硬化公共空间转变为兼具人性关怀、文化特征、生态属性等的高品质宜人空间，为城市空间增添了色彩和活力，展示出当代城市的生活和文化特色。现代城市广场的特征主要表现在以下几个方面。

1. 人本属性

人是城市广场的使用主体，人性化是城市广场的第一属性。现代城市广场的规划设计突出"以人为本"的理念。广场设计在注重形式与功能的同时，应当从使用者的行为习惯与心理特征出发，充分考虑各个年龄层和不同类型使用群体的实际需求，将无障碍设计、空间导视系统设计、公共服务设施布置等作为重点设计内容，创造安全舒适且便于使用者活动、交流、休憩、娱乐、共享的人性化空间。

随着我国城市化率的不断提升，城市人口数量与日俱增，城市中一些可供人们进行户外活动的广场空间出现了品质低下、拥挤不堪、缺乏人性关怀等问题。对于市民来说，创造可满足其多类型活动需求的人性化广场尤为重要。为了更好地服务大众，给市民提供良好的休憩活动场所，"以人为本"的理念成为贯穿城市广场建设始终的设计原则之一。设计者应基于城市居民的实际使用需求，重视广场景观的环境安全性与景观舒适性。环境安全性是"硬性指标"，如植物的无毒性、设施的安全性、路面坡度的规范性等。

景观舒适性要求设计人员将人体工程学体现在广场细部设计中，注意交往空间的尺度范围、色彩、设施形态、物理环境（如热、光、声音等环境）、视觉区域等多种因素，还要考虑到儿童、残障人士等不同人群适宜的活动方式和人体工学尺寸。同时，现代城市广场的设计应重视人与景观环境的交互关系，强调广场景观的参与性与互动性，为城市居民创造优质的活动空间，帮助城市提升整体魅力。

2. 文化属性

城市空间的文化属性体现了人们对于地域的认知和理解，同时地域性城市空间的塑造能让人在其中获得认同感和归属感。但是，随着城市规模不断扩大，城市的发展模式不断更新，部分城市过度追求“国际化”特色，导致城市建筑趋于雷同，缺乏地域特色。城市广场是由构筑物、绿化景观、水景等多种元素组成的城市公共活动空间，是城市形象的展示窗口，也是城市文化风貌和景观特色的集中体现。具有地域文化特色的广场可以成为一个城市文化精神的象征，使人们产生高度的文化认同感，与所在城市产生紧密的情感联系。人们在广场上休闲放松的同时，还可汲取文化养分，感受当地特色文化的深厚底蕴。积极健康的文化内容对提升城市品质、优化社会环境大有裨益。很多城市广场成为公众集会和节日庆典的举办地。多种多样的社会文化活动可以吸引不同的人群参与，从而增加城市活力，推动城市文化振兴与发展。现今以建筑、雕塑等视觉要素为标志的城市广场成为城市的文化地标和传递城市精神的载体，凸显了地方文化特征与风貌。

城市广场的文化属性体现在尊重场地自身的特征上。广场结合城市及场地周边的环境特点，通过广场建筑、构筑物、景观小品和整体格局的景观营造对城市历史文脉或地域特色进行转译和再现，体现城市的文化符号，传承城市的文化脉络；从尺度、空间、风格等方面保持与城市地域风貌的协调，实现与当地历史文化的交融和呼应，在延续历史风貌的同时，兼顾当代城市生活的多维度需求，体现出现代广场的地域个性和景观特色。

3. 生态属性

城市发展要实现社会、经济、自然三方面的协调，实现整体的良性生态循环，就要避免采取忽视城市生态环境的发展模式。随着人们对城市景观的认知和理解的不断深入，自然生态的宜人景观成为城市环境营造的追求目标。与此同时，“热岛效应”“雨岛效应”等城市问题频繁发生，城市环境的自然生态属性成为城市环境品质的考察指标。传统广场通常利用大面积集中的硬质铺装实现场地的平整开阔，且多采用对称规整的布局模式，空间单调、缺乏变化；广场绿化部分多为修剪整齐的草坪或模纹花坛，整体绿地占比较低，不但提高了管护成本，而且降低了景观环境的生态效益。因此，现代城市广场设计不仅要保留市民游憩、纪念、集会、避险等传统广场的基本功能，还应注重景观生态性的优化提升。水体、植物等软质元素以形式自由、造型多元的景观样式介入广场空间中，可以打破单一呆板的传统广场模式，创造出丰富多变、富有趣味的景观效果，为优化广场的生态环境提供可能。

1.3 城市广场面临的雨洪问题

城市水质污染、内涝等问题日益严重，传统城市广场作为城市中主要的不透水下垫面类型，影响了自然水循环，阻碍了地下水补给，加剧了市政管网的排水压力，不利于城市雨洪问题的解决。

1. 雨水排放压力大

广场是集中式的公共活动场地。大面积集中的硬质铺装是传统广场的主要景观特点，也是造成广场雨水排放问题的源头之一。城市广场雨洪管理最直接的问题是大面积集中不透水区域会给场地带来较大的排水压力。大规模的不透水硬质铺装会产生大量地表径流，导致广场地表径流集中排放。在长时间集中降雨情境下，绿化区域中土壤的水分达到饱和之后，多余的雨水溢流至硬质铺装区域，枯枝落叶和其他碎屑类的污染物可能会随着雨水径流堵塞雨水口，导致大量地表径流无法正常排出，引起广场及周边地区的积涝。

2. 渗滞调蓄能力弱

一方面，传统广场绿化面积不足，导致广场渗透、滞留、调蓄雨水的能力弱。硬质不

透水铺装基本阻断了雨水的自然渗透过程，阻断了雨水、地表水、土壤水及地下水之间的有效转化。另一方面，传统广场在绿化方面通常采用高位花坛或标高高于广场地面的绿地，导致不透水下垫面形成的地表径流难以进入具有渗透性的绿地中。此外，传统广场的植被种类单调、形式单一、层次简单，不能形成丰富的植物群落，难以对雨水起到有效的阻滞效果，导致传统广场的地表径流难以实现就地渗透、滞留和调蓄。

3. 径流污染物浓度高

城市广场大面积不透水铺装是面源污染的重要源头之一。由于采用“雨水快排”的设计理念，因而传统广场绿化面积小、植物群落结构单一，这导致其滞蓄空间少，净化能力低，缺少对面源污染的控制能力。在降雨初期，城市广场不透水下垫面的径流污染物浓度较高，污染物通过径流汇入受纳水体可能形成城市水体的面源污染。

在城市化进程中，城市广场的边界逐渐模糊并与周围的城市肌理融为一体。城市广场辐射范围逐渐扩大，成为周边区域雨水径流的集中消纳地，在城市雨洪管网系统中占据重要地位。城市广场雨洪管理面临的主要难点在于广场具有大面积集中的不透水硬质区域，场地雨洪压力大，容易形成排水和径流污染两方面的问题。此外，相较于道路的平行排水路径和屋面雨落管的垂直排水路径，城市广场集中式的硬质场地和其他平坦的不透水区域难以直接形成有效的径流组织，因此城市广场排水压力大，更容易产生积涝问题。

现代广场在规划和建设过程中需要统筹人本属性、文化属性与生态属性，运用“海绵城市”理念实现高效的雨洪管理系统，将广场空间与植物、铺装、水景及景观小品等有效组合，提升广场的生态价值，如图 1-10 所示。随着海绵城市建设的推广，城市广场的海绵化系统构成与建设模式成为广场景观设计者考虑的必要内容。海绵广场的建设不仅可以营造自然生态的城市广场景观氛围，还可以缓解传统广场面临的雨洪压力，提高城市的雨洪调蓄能力，满足我国城市化发展的需求和海绵城市建设的要求。

图1-10 海绵广场示例（天津文化中心广场局部）

第 2 章　城市海绵广场设计原则、系统组成与量化模拟

城市海绵广场规划设计与建设的核心在于让自然做功，利用低影响开发模式实现场地雨洪控制和雨水资源再利用。海绵广场规划设计需要耦合绿色基础设施和灰色基础设施双系统，形成“有机海绵体”，使城市广场在满足使用功能的同时，具有适应不同环境条件的能力。因此，在海绵广场设计与建造过程中，相关人员应从生态角度考虑绿色基础设施在广场中的布局与形式，以弥补广场硬质铺装占比较高的“先天劣势”。本章对城市海绵广场的设计原则、系统组成与量化模拟进行说明。

2.1 城市海绵广场设计原则

2.1.1 功能需求复合化

随着人们对城市广场形象、功能和空间品质的要求不断提升，多功能的复合型城市广场成为今后广场规划设计的趋势。城市广场作为城市网络中的空间节点，一般设置于居民区集中处，或是商业、政治中心地，成为人们聚集以及休闲娱乐的空间。城市广场是城市对外展示形象的窗口，可以向外界展示城市历史文化的独特魅力，突出城市历史、人文、地域特色。城市广场的社会价值体现在为周边居民提供具有休闲、聚会、游乐及健身等功能的场所。复合型城市广场的景观设计需要在设计方法、模式、理念等多方面进行优化调整，以提升人本属性、文化属性、生态属性等多维度属性。此外，广场景观设计需要合理处理广场与周边商业以及公共服务设施的关系，合理组织人流动线，提升广场的利用率。

增强生态可持续性是城市广场功能复合化的重要内容之一，这就要求在城市广场中充分运用“渗、蓄、滞、净、用、排”技术，增强城市广场的雨洪调蓄能力，缓解市政管网的排水压力。设计师应根据场地的具体空间形态应用适当的雨洪管理措施，形成完整的雨水调控系统，在调蓄雨水的基础上注重生境的营造，构建符合生态需求的高品质城市广场景观；可采用形式多样的透水材料作为铺装以提升广场的渗透性，降低硬质区域的产流量；在广场的水景运用方面，将水景系统与雨洪管理系统相结合，在注重人景互动的同时，提升水资源的利用效率；提升城市广场景观小品的功能性，使其可与下凹绿地、互动水景等景观相结合，提升其雨水收集与使用效率。

广场的植物选择应符合低影响开发要求。植物与铺装的过渡形式与微地形的处理方式应有利于雨水引入与就地消纳。海绵广场可利用根系发达、茎叶繁茂、净化能力强、耐涝抗旱的植物对雨水进行截留、过滤与净化，营造富于变化、和谐自然的广场生态景观，增强城市生态的可持续性。依据整体的设计要求与功能定位，城市广场的景观设计应在充分满足各类功能需求的基础上，推动生态景观营造，提升广场的雨洪管理能力，进一步实现广场文化价值、社会价值、商业价值以及生态价值等多目标的统一。

2.1.2 雨洪管理措施景观化

雨洪管理措施在海绵广场中应以景观化的形式呈现。广场雨洪管理措施的设计与建设需要与多类型景观设计手法相结合，在科学管控雨水的同时，通过艺术化、可视化的多元设计手法对雨水收集、传输、处理和利用的过程进行宣传展示；在扩大广场绿化面积与提升雨洪管理效果的同时，增加人景互动，提升海绵广场的趣味性与教育价值。

海绵城市建设的实践证明，低影响开发措施的广泛应用可大幅降低雨后“看海”的概率，对改善局部微气候具有现实意义。在海绵广场设计中，设计人员可利用多类型设计手法将雨洪管理措施与微地形、构筑物、水体等景观要素相结合，形成有利于缓解广场雨洪问题的海绵措施组合与布局。景观化的雨洪管理措施示例如图 2-1 和图 2-2 所示。

图 2-1 景观化的雨洪管理措施示例（一）（双流绿色建筑产业园示范区广场）
[来源：阿普贝思(阿普贝思（北京）建筑景观设计咨询有限公司)]

图 2-2 景观化的雨洪管理措施示例（二）（双流绿色建筑产业园示范区广场）
（来源：阿普贝思）

广场的海绵化建设应提升广场的绿化率，在有效改善广场排水现状的同时，充分利用雨水资源，营造更加生动活泼、因时而异、自然生态的城市海绵广场景观。例如：水旱皆宜的旱溪能够节约景观用水；跌水景观可多层级过滤、净化雨水径流，同时可加强海绵广场的人景互动性；植草沟、雨水花园、多功能调蓄池等生态雨水设施兼具观赏价值与雨洪管理功能；将广场硬质区域的不透水铺装替换为嵌草砖、透水性地砖、透水胶粘石等透水铺装，可减少地表径流的产生，同时丰富广场的铺装形式；优化的路缘石形式不仅能保证场地的雨水径流进入绿地，而且可进行雨水传输过程的科普展示。这些海绵措施实现了雨洪管理功能和景观效果的统一，可实现海绵广场的多功能复合与景观化表达，提高城市广场以及周边区域的整体景观品质。

2.1.3 海绵系统最优化

城市广场海绵化设计应充分运用“渗、蓄、滞、净、用、排”的雨洪管理方法，实现“小雨不湿，中雨不积，大雨不涝”的场地雨洪管理目标。城市广场最优化海绵系统的建设需要结合场地现状特征，在充分考虑不同区域使用功能的同时，综合规划设计、管网系统、植被养护等多系统内容，协调多个专业，科学合理地构建雨洪管理体系，探索“小建设、多效用”的最优解决模式。由阿普贝思设计的双流绿色建筑产业园示范区广场海绵体系就是典型示例，其平面布局如图 2-3 所示，海绵系统示意如图 2-4 所示。

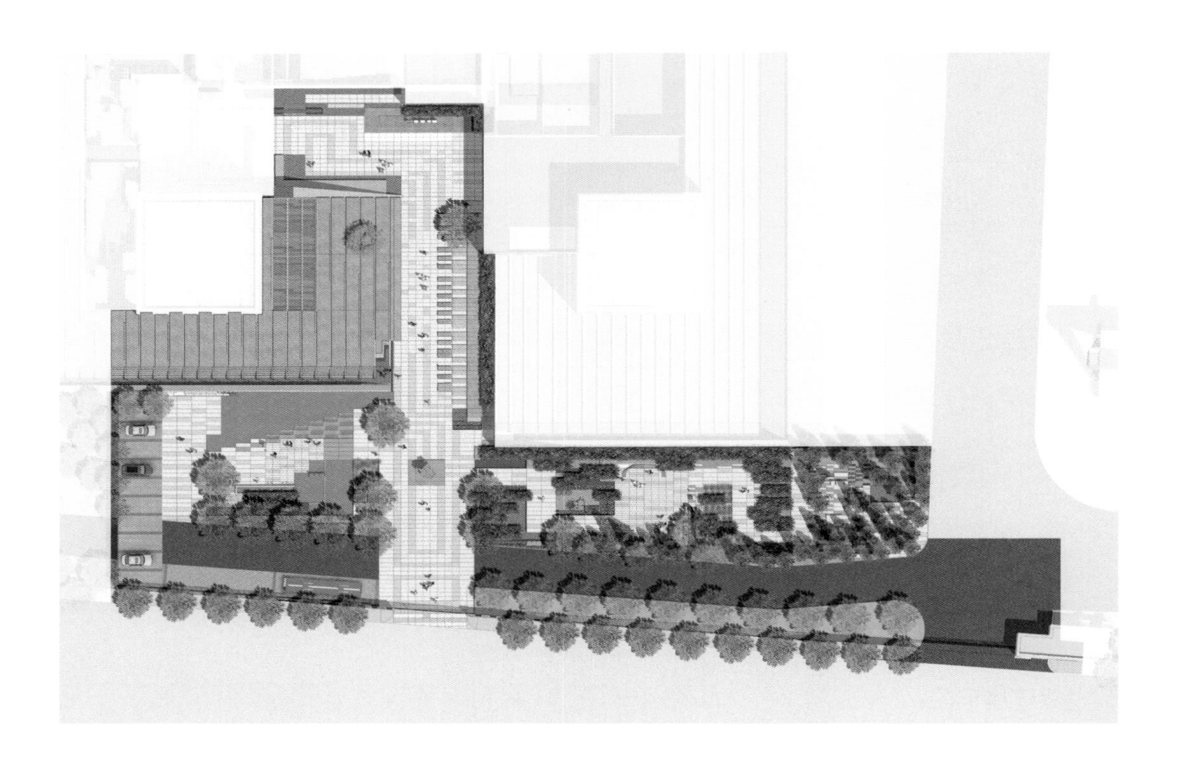

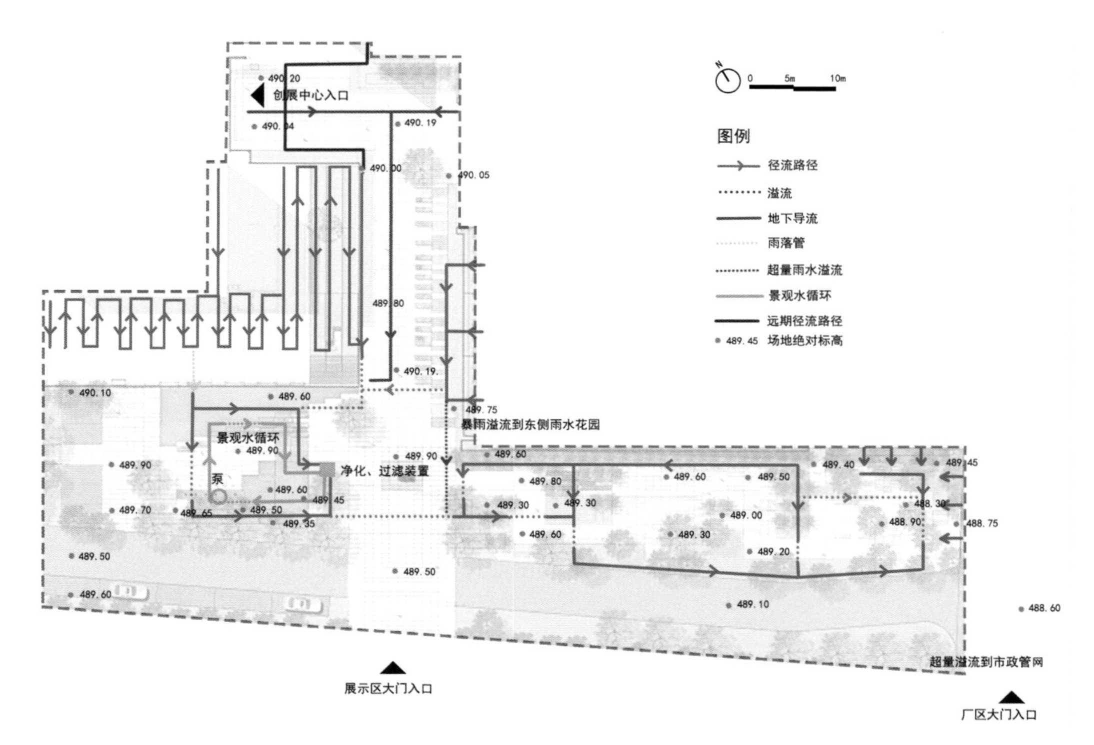

图 2-3 双流绿色建筑产业园示范区广场海绵体系平面布局（组图）
（来源：阿普贝思）

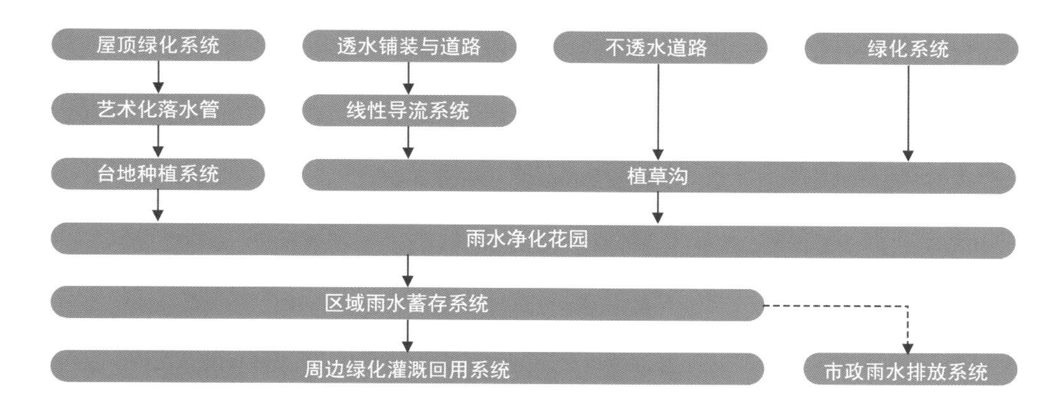

图 2-4 双流绿色建筑产业园示范区广场海绵系统示意
（来源：阿普贝思）

1. 减少雨水径流总量

减少雨水径流总量、通过控制场地径流使海绵广场的产汇流尽量保持或恢复场地开发前自然环境下的状态是海绵广场规划建设主要的雨水管理目标。一方面，在海绵广场设计之初，设计人员就应充分考虑广场中绿色与灰色基础设施的建设规模，多将硬质场地与绿地相结合，并通过提升透水铺装面积比等方式促进雨水下渗；另一方面，在工程建设过程中，建设人员尽可能保留原场地的生态结构，如植物、地形、绿地、水景等，同时合理布置下凹绿地、雨水花园和地下储水箱等，实现有效的雨水蓄滞，达到减少径流总量的目的。

2. 控制雨水径流污染

降雨带来的径流污染是城市面源污染的一种。径流污染的主要评价指标有悬浮物（SS）含量、化学需氧量（COD）、总氮（TN）含量、总磷（TP）含量等。初期弃流是海绵广场控制径流污染的有效措施之一。通过对雨水的初期弃流，城市广场可以有效控制雨水径流污染，提高对雨水径流污染物的去除率。海绵广场可通过透水铺装、下凹绿地、调节塘、人工湿地等措施，减缓雨水径流的速度，实现径流污染物的沉淀、过滤和净化。相关的海绵措施示例如图 2-5 和图 2-6 所示。

3. 优化广场排水系统

海绵广场排水系统的优化包含两方面内容。一方面，面对中小降雨的情况，广场主要利用绿色基础设施，如植草沟、砾石沟等，采用植草和放置砾石等方式，在减缓雨水径流速度的同时，对雨水径流进行初级过滤和净化，还可以采用延长汇流路径的方式，延长汇流时间。对于广场中的内涝频发点，必要时可专设小型雨水泵、调节塘等。另一方面，面对大雨、暴雨的情况，海绵广场需结合城市大雨水排放系统，适当短时积水以缓解周边区域的雨洪压力。虽然海绵广场可以短时积水，但为了保障安全，仍需采用灰绿系统耦合的方式尽快排出雨水。

图 2-5 双流绿色建筑产业园示范区阶梯绿化屋面及海绵广场
（来源：阿普贝思）

图 2-6 双流绿色建筑产业园示范区海绵广场透水混凝土铺装及雨水净化花园
（来源：阿普贝思）

2.1.4 雨水利用资源化

我国水资源人均占有量少，并且在时空分布上极不均衡。面对水资源短缺的现状，我们必须充分利用雨水资源。通过广场的海绵化改造实现雨洪调控与雨水资源回收再利用具有多方面的社会经济意义。

城市广场周边多是道路、屋面等不透水下垫面，导致城市广场面临很大的雨洪压力；但是，这同时也意味着广场能够实现大量雨水资源的收集与回用。海绵广场不仅能蓄积雨水，也可将周边建筑物、道路上的雨水引入广场绿地、透水路面等渗水区域，进行初级净化之后再引入储水设施内蓄存。

广场地下区域或附近可以合理设置不影响广场或者周边环境美观度与使用功能的蓄水装置，同时，广场周边建筑屋面的径流可通过雨水桶、雨水弃流措施、雨水调节池等进行收集过滤，再进入蓄存设施储存。广场中的道路、活动区域、停车场等硬质地面，可通过渗透性地砖等透水铺装提高雨水渗透性，补充地下水，促进水资源的循环。在海绵广场内设置雨水“收集—净化—蓄积”的处理系统能够实现雨水的集中收集与利用，并可将其转化为绿化用水、景观水体、冲厕用水、道路浇洒用水等，以达到综合利用雨水资源和节约用水的目的，实现水资源的循环利用。

城市广场海绵系统的建设不仅可以有效减小城市径流量，延缓汇流时间，减轻城市排涝设施的压力，减少防洪投资和洪涝造成的损失，还可以在一定程度上有效缓解城市水资源的供需矛盾，保护城市生态环境。

2.2 城市海绵广场系统组成

城市广场遍布于城市中的行政区、商业区、居住区等多区域，是城市系统中必不可少的面状空间，也是城市雨洪管理的重要一环。将“海绵城市”理念引入城市广场，构建城市广场的海绵化管理体系对于缓解城市雨洪问题尤为重要。城市广场海绵系统可分为绿色系统、灰色系统和超大雨量排放系统。这 3 个系统可相互衔接、协同运行，合理规划雨水径流路径，使广场径流经过滞、蓄、渗、净等措施减缓流速、净化蓄积，形成可供回收利用的雨水资源。一般情况下，城市广场周边道路以及建筑屋面的产汇流也可以作为城市广场雨洪管理体系的径流管控对象。3 个系统共同作用下的城市广场海绵系统可大大降低不透水下垫面造成的不利影响，缓解市政管网的排洪压力，减轻城市内涝灾害。

2.2.1 绿色系统

就城市地表的下垫面特征而言，绿地的径流系数最低，是最好的源头控制措施，可有效地控制径流雨水量。已有研究表明，绿色基础设施对于城市中大部分中小降雨具有较好的就地消纳能力，可显著减少雨水径流，并延迟径流峰值时间。美国、新西兰、日本、英国等发达国家尤为重视城市绿色基础设施的应用。2014 年，我国住房和城乡建设部发布的《海绵城市建设技术指南——低影响开发雨水系统构建（试行）》明确指出，城市建设要推广源头分散的低影响开发建设模式，充分发挥城市绿地、水系等对雨水的滞蓄作用，构建城市绿色雨水基础设施。

绿色系统同样也是城市广场海绵管控系统的重要构成部分，主要应对中小降雨事件，通过低影响开发措施进行径流总量控制，实现雨水的源头控制，促进雨水资源化利用，减少径流污染，缓解城市排水系统的压力。城市广场应当在保证使用功能的前提下提高绿地率。难以提高绿地率的地块应适当提高透水铺装率来促进雨水下渗，通过透水铺装、下凹绿地、雨水花园等措施提升海绵广场的雨水管控能力。

植物可以通过冠层截留的方式对雨水进行一定程度的调控。对绿地覆盖率进行量化并将其纳入广场绿地系统设计指标中，对提高广场的径流雨水控制率有所帮助。在提高植物截留雨水能力方面，一方面可选用具有大冠层的树木，增加水平空间的绿化投影面积；另一方面，可选择郁闭度较高的树木，提高绿植的垂直投影厚度，建设以乔、灌、草相结合的多层立体绿化系统，提高单位面积的冠层截留效率。

在海绵广场建设中，建设人员可通过采取生态化措施构建雨洪管理绿色系统，连接不同类型和形态的水体、绿地、可渗透区域，形成广场的绿色空间网络，以生态措施和植物措施促进广场的特征性建设和生态功能的发挥，提升城市广场的雨水渗透、储存和调节能力，积极改变广场面临雨洪问题时的水环境脆弱性。

2.2.2 灰色系统

降雨在地面形成径流后，大部分的径流会被排水管网收集、传输，最终排入河道。以市政管网为主体的城市雨水管渠系统包括由排水管道、雨水口、明渠、暗渠、排水泵站等构成的收集、储存、传输和处理雨水径流的工程设施。城市雨水排水管网作为保障城市安全和正常运行的重要市政工程系统，其重要性不言而喻。

一方面，城市广场海绵体系下的灰色系统衔接城市雨水管渠系统，可应对常见雨情，其设计目标是在需要时，例如大暴雨结束后，将城市广场中的雨水快速排出；另一方面，灰色系统耦合海绵广场中的绿色系统，弥补在短时间强降雨情境下的绿色基础设施排水能力不足的缺陷。海绵广场灰色系统主要包括地表明渠、盖板沟和传统雨水管道等，可将广场周边建筑屋顶、市政道路、商业区域等空间的雨水进行系统的、有组织的收集和利用，将雨水传输至海绵广场的绿色系统或广场外围雨水管渠中。针对海绵广场灰色系统的设计与建设，相关人员一方面要提高管网的设计标准，在广场中的重点功能分区或易涝区域增设排水管网、调蓄设施等提高排水能力；另一方面要加强广场中排水系统的维护和管理，做好排水设施的监测和维护工作，确保排水管网的畅通。

2.2.3 超大雨量排放系统

超大雨量排放系统由大型排放设施、地面泛洪区域和大型调蓄设施等构成，是应对超过城市排水设计标准的特大暴雨的一套蓄排系统。超大雨量排放系统通常由“蓄”“排”两个系统组成。“排”的系统主要指具备排水功能的大型管网或地表河渠；“蓄”的系统则主要指大型调蓄池、深层调蓄隧道、地面多功能调蓄设施、天然水体等。

在应对超标准暴雨或极端降雨等自然灾害时，在城市重要节点或重要位置的城市广场还应将超大雨量排放系统纳入广场的海绵建设体系中，将其作为缓解城市雨洪压力、降低洪涝灾害影响的重要举措，体现城市公共空间的防灾减灾功能。

2.2.4 灰绿耦合的海绵广场雨洪管理模式

灰色系统和绿色系统作为城市广场海绵体系的重要组成部分，共同承担蓄滞、排放雨水及缓解城市内涝风险的作用。绿色系统的雨洪管理基本机制是结合自然水文特征进行雨水利用和管理，与传统城市雨水管网主要关注雨水的汇集和排放有着本质的不同。灰色系统和绿色系统在雨洪管理方面各有优劣。海绵广场的绿色系统对于削减场地内的径流总量和径流峰值作用明显，但是在中大型降雨情况下，绿色系统的雨洪控制能力有限。海绵广场的灰色系统在降雨历时较长且降雨强度较大时，可以蓄滞更多的雨水，并可在降雨结束后错峰排除积水。

在对城市广场雨水径流的管控过程中，灰色系统和绿色系统各自承担着非常重要的责任。在降雨前期，绿色基础设施以较大的下渗率，在雨水落地后吸收了大量雨水，减少了降雨形成的地表径流。在雨水外排过程中，雨水管网作为排放雨水的主要设施，起到了缩短积水时间的作用。绿色系统与灰色系统作为海绵广场可持续雨洪管理系统的必要组成部分，两者的关系是紧密结合、相互补充的。

2.3 城市海绵广场量化模拟

雨洪管理模型（Storm Water Management Model，SWMM）应用范围广，可模拟不同尺度、不同下垫面特征的场地在不同降雨情境下的雨水径流过程，以指导规划设计。SWMM 能够演算雨水径流过程，运算管道内的水流状况，分析径流污染物的动态数据（如各类下垫面中污染物质的累积量、暴雨时不同土地类型污染物质的冲刷量），模拟管网中污染物质的动态变化等。利用 SWMM 对城市广场进行建模可以实现场地产汇流的过程模拟和广场海绵系统的定量化规划设计。

城市广场可通过绿色系统、灰色系统和超大雨量排放系统的耦合实现雨洪管理。SWMM 可灵活设置各类雨洪调控措施的参数。设计人员通过合理设置管径、粗糙系数、植物容积、土壤孔隙率等参数，可以准确模拟各类措施在控制径流量、延缓径流峰值时间、削减峰值、控制污染等方面的效果，从而根据雨洪调控目标科学地选择雨洪调控措施的组合和布局，优化设计参数。设计人员通过合理设定海绵措施的各项参数，能更科学地确定各措施的规模，验证它们能否实现径流管控目标，进而完善海绵广场的规划设计。

2.3.1 SWMM 的原理

1. 地面产流模型原理

广场中的汇水区可分为渗透区域与不渗透区域。渗透区域内地表的部分雨水径流可下渗至土壤层；不渗透区域根据区域内有无洼地蓄水可再细分。根据汇水区不同的下垫面，地表径流的计算方法有所差异。霍顿（Horton）模型、格林 - 安姆普特（Green-Ampt）模型、径流曲线数方法（SCS 法）对渗透性汇水区下渗情况的模拟特点如下。

（1）Horton 模型。在长期的降雨过程中，雨水下渗率会随着降雨时间的推移呈指数级降低。此模型需要的数据包括：最大和最小下渗速率、降雨速率随时间下降的衰减系数、土壤完全饱和时的容积量以及土壤从饱和状态至雨水排干所需的时间。

（2）Green-Ampt 模型。该模型可得出土壤下渗能力，需要的数据包括土壤初始亏损值、导水率和吸入水头。

（3）SCS 法。该方法假定不同土壤类型的下渗能力与该土壤的曲线数有关，需要的参数包括土壤水力传导率、土壤的曲线数以及土壤从饱和状态至雨水排干所需的时间。

SCS 法无法表现降雨过程中产流的变化，较适用于流域尺度的雨水模拟。相比之下，Horton 模型、Green-Ampt 模型更适合小尺度城市广场研究。

2. 汇流模型原理

SWMM 将汇流分为地面汇流与管道汇流。地面汇流的模拟计算采用非线性水库法。管道汇流相对复杂，可分为稳定流、运动波、动态波 3 种。相对应的 3 种演算方法由于计算原理不同，适用范围也不同。稳定流演算方法有一定限制性，适宜对连续降雨进行分析；运动波演算方法适用于树状分布的管网系统；动态波演算方法的精度较高，可基本模拟管网内完整的水流情况。

城市广场的汇流过程由地面汇流和管道汇流组成。广场海绵系统的建设本质就是通过低影响开发措施在广场景观中的应用，促进雨水的地表下渗，减少地面汇流，降低广场大面积不透水下垫面给管网及周边区域带来的雨洪压力。SWMM 的汇流计算过程基本能够满足广场雨水汇流过程的模拟要求。

2.3.2 SWMM 建模数据处理与分析

SWMM 模拟城市广场产流需要的参数包括气候特征、水文参数以及雨水管网参数等。设计人员可通过收集查阅相关文件资料、实地勘察或实验测算等方式获取相对精准的参数。

1. 降雨数据确定

城市雨型可以根据城市实际降雨数据或芝加哥降雨过程线模型确定。芝加哥雨型演算的降雨类型多属单峰型，SWMM 可在城市暴雨强度公式的基础上，利用芝加哥雨型公式，通过运算综合雨峰位置系数，进而模拟出城市降雨过程曲线，反映出城市典型的降雨特征。

2. 子汇水区划分

子汇水区是从源头控制场地产流的基本地表水文单元。子汇水区的地表径流以及其他物质会汇集至单一的排水口。排水节点或其他子汇水区均可作为模型中子汇水区的排水口。

通过对场地径流过程与排水条件的分析，对所研究的场地进行子汇水区划分，可更好地了解子汇水区的径流特点及雨水汇集特征。子汇水区的划分方法有泰森多边形划分法、面积管长比划分法、ArcGIS（地理信息系统）平台的 DEM（数字高程模型）自动划分法、D8 算法以及人工手动划分法等。部分城市广场地形变化较大，下垫面类型较复杂，设计人员可选择人工手动划分法划分子汇水区，这能更合理地确定子汇水区的边界，从而更好地实现从源头控制雨水径流。

根据雨水径流产生、迁移、汇集的过程，子汇水区可分为无外围流型、径流过境型、汇流出口型 3 类。无外围流型子汇水区的径流来自自然降雨；径流过境型子汇水区的径流包括自然降雨和承接的上游雨水；处于低洼地带的子汇水区多为汇流出口型，可消纳储存雨水。根据下垫层条件，如不透水率、坡度、下垫面结构等，子汇水区可分为场地型、绿地型、混合型 3 类。场地型子汇水区硬质场地占比较高，绿地型子汇水区多为具有雨水下渗功能的绿地，混合型则是以上两种情况皆有。

3. 模型参数确定

1）子汇水区不透水率

城市广场子汇水区内的不透水铺装部分是主要的不透水区域。子汇水区不透水率为不透水面积占总面积的比值。在模型中，不透水铺装与水体区域的不透水率取值为 100%，绿地的不透水率取值为 0。

2）特征宽度

子汇水区的特征宽度是 SWMM 雨洪模拟中的重要参数，极大地影响模型结果的精准性。由于子汇水区内的漫流路径很难确定，因而子汇水区宽度参数也具有一定的不确定性。该参数是便于模型模拟而被提出的，在实际工程中并无真实的物理意义。根据 SWMM 手册，特征宽度的计算公式为宽度 = 面积 / 漫流长度。雨洪管理模型对最大地表漫流长度也有要求，一般不超过 150 m。

3）平均坡度

子汇水区的坡度是影响 SWMM 水文模拟的重要数据，其准确性直接影响汇流演算过程。在进行雨水模拟时，平均坡度作为模拟参数可相对客观真实地体现子汇水区的坡度变化。

在完成子汇水区划分、确定子汇水区边界后，根据广场绿地所设计的等高线，在等高线图上直接读取该子汇水区的最高点（H_2）、最低点（H_1）以及两点之间的直线距离（L），即可计算得出平均坡度，平均坡度取值公式为 $S=(H_2-H_1)/L$。此外也可借助其他软件计算得出子汇水区的坡度，如利用 ArcGIS 的几何工具得出子汇水区的坡度。

2.3.3 基于SWMM的海绵广场布局优化策略

下垫面类型、植被类型以及地形高程等的设计皆会影响广场的产汇流过程。例如广场下垫面不透水面积比会影响雨水径流量；植被覆盖率以及植物配置会影响径流量，合理的植被设计还能过滤径流中的污染物；地形的平均坡度会影响雨水的汇流速度等。下面利用SWMM探讨在绿地占地比例恒定的条件下，广场的绿地布局对雨水径流管控效果的影响，从规划设计层面探究广场雨洪管理的优化途径，为海绵广场规划设计提供参考。

为了便于讨论分析，以总面积为10 000 m²、绿地率为35%的概念广场为研究对象。该概念广场位于天津市蓟州区，根据《天津市海绵城市建设技术导则》中的暴雨分区情况（表2-1），研究对象属于第Ⅲ分区，该分区不同重现期24 h暴雨设计值和雨型分配情况如表2-2和表2-3所示。

表2-1 天津市暴雨分区情况

暴雨分区	分区所在区域
第Ⅰ分区	和平区、南开区、河西区、河东区、河北区、红桥区、北辰区、东丽区、津南区、西青区
第Ⅱ分区	滨海新区
第Ⅲ分区	静海区、宁河区、武清区、宝坻区、蓟州区的平原区
第Ⅳ分区	蓟州区北部山区（20 m等高线以上）

表2-2 天津市第Ⅲ分区不同重现期24 h暴雨设计值

重现期	2年	3年	5年	10年	20年	50年	100年
降雨量/mm	93.3	116.0	143.4	179.6	215.1	261.3	295.9

表2-3 天津市第Ⅲ分区不同重现期24 h暴雨雨型分配情况

t/h	1	2	3	4	5	6	7	8	9	10	11	12
比例/%	1.11	0.55	1.49	4.9	4.71	10.44	40.57	7.76	7.12	2.4	2.68	2.22
t/h	13	14	15	16	17	18	19	20	21	22	23	24
比例/%	0.83	1.39	1.29	2.96	2.31	1.57	1.02	0.37	0.74	1.11	0.37	0.09

结合场地高程变化，绿地位置可概化分为高、中、低 3 种分布位置。根据广场径流路径方向与绿地位置的关系，绿地的形态可概化为部分阻滞径流的片状和完全阻截径流的条状两种类型。根据绿地的聚散程度，广场可分为核心分布和分散分布两种类型。在绿地面积保持不变的条件下，广场绿地的布局可概化为 12 种典型模式，如图 2-7 所示。

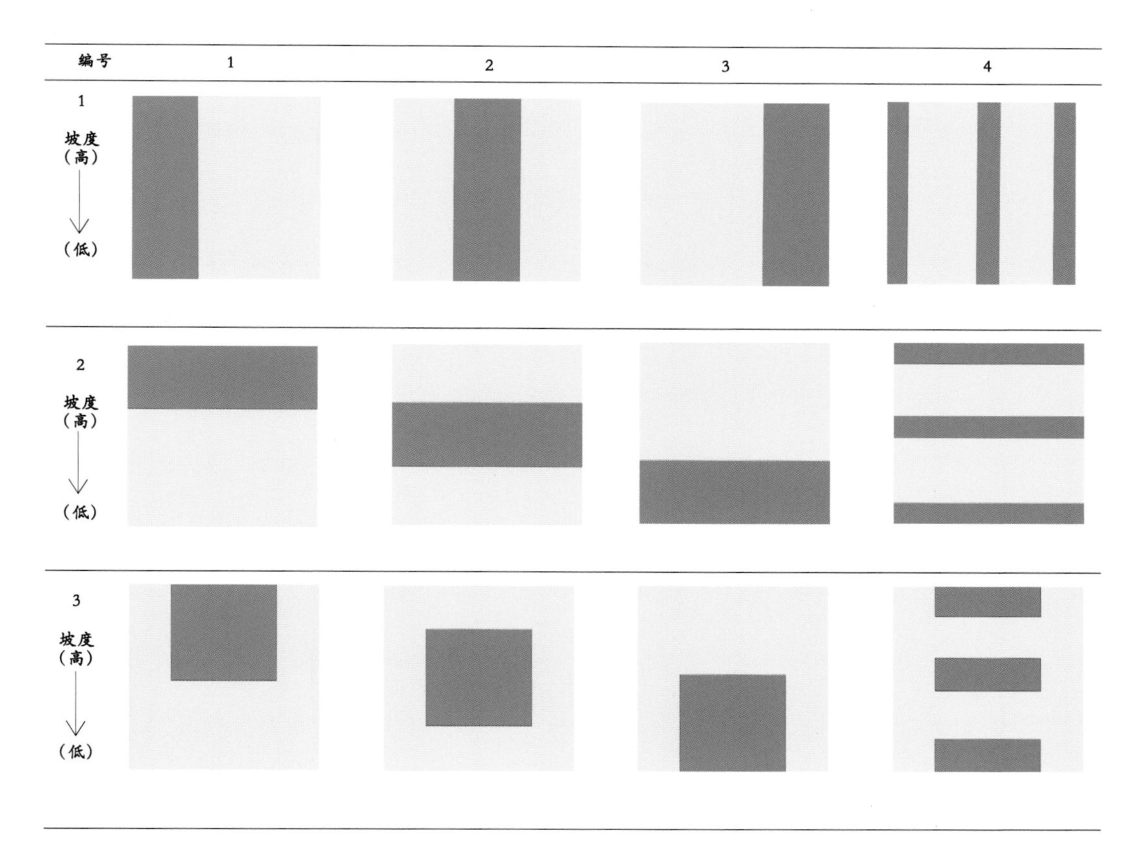

图 2-7 广场绿地布局典型的概化模式

利用 SWMM 开展降雨试验模拟，对 12 种绿地分布方式进行比较，由模拟结果可知，影响绿地下渗效果的主要形态因素是绿地对雨水径流的阻截宽度和雨水在绿地中的漫流时长。垂直于径流方向的绿化地块阻截宽度越宽，对雨水的滞留效果越好。绿地布局越分散，越能增加雨水在场地中的漫流时长，滞蓄效果越好。

第 3 章 城市广场海绵系统规划设计流程

3.1 前期调研与分析

1. 气候水文

城市广场海绵系统的规划设计需要建立在对场地气候条件与水文情况详细了解的基础上。设计人员通过前期调研，应准确掌握城市广场所在区域的气温、降雨量、蒸发量和散发量等气候数据，以及场地中的土壤地质参数和下垫面情况。

2. 场地竖向

场地现状地形与标高特征是场地调研需明确的内容。有效的场地竖向分析有利于后期设计时充分利用自然地形，合理组织地面排水，控制不同区域的坡度。设计微地形来控制雨水径流的走向，科学合理地优化产汇流路径，不仅有利于综合考虑市政管网的走向与布置，而且可以减少土方工程量，节约建造成本。

3. 植物物种

植物在海绵系统中具有减缓径流、净化雨水、促进下渗等多种生态价值。合理的植物品种选择是城市广场海绵系统有效发挥作用的重要保障。设计人员在前期调研中需要重点关注项目所在地的本土植物物种和其生长特性，同时也需要了解其养护频次、成本、配套设施等信息。

4. 市政管网

对于新建场地，设计人员应详细调查电力电缆、给水管、雨水管、污水管等市政管网的分布情况，以便对城市广场海绵系统与市政系统进行高效衔接。

3.2 确定海绵广场的管控目标

海绵城市建设是一项长期和艰巨的任务，其核心目标是减少并控制雨水径流总量，通过一系列的雨洪调蓄手段实现雨水资源的多维度利用。海绵广场的管控目标包括径流总量控制、径流峰值控制、径流污染控制和雨水资源化利用等。

1. 径流总量控制

《海绵城市建设技术指南——低影响开发雨水系统构建（试行）》根据降雨的时空差异和水文条件的不同以及降雨径流控制率的要求，按照地域由东南沿海向西北内陆进行划分，我国可分为Ⅰ区、Ⅱ区、Ⅲ区、Ⅳ区、Ⅴ区 5 个分区。该指南对不同分区年径流总量控制率 α 的上限值和下限值提出要求，Ⅰ区为 $85\% \leqslant \alpha \leqslant 90\%$，Ⅱ区为 $80\% \leqslant \alpha \leqslant 85\%$，Ⅲ区为 $75\% \leqslant \alpha \leqslant 85\%$，Ⅳ区为 $70\% \leqslant \alpha \leqslant 85\%$，Ⅴ区为 $60\% \leqslant \alpha \leqslant 85\%$。

城市海绵广场的建设应该结合所在城市的建设现状和广场景观规划设计要求确定广场的年径流总量控制目标。已完成海绵城市专项规划与海绵城市建设评价的城市应当根据具体规划中的年径流总量控制目标，结合广场所在区域和广场项目用地面积对场地具体的径流控制指标进行分解，以确定海绵广场的具体径流控制目标，并从项目建设与实施的有效性、实现海绵效益的可行性等方面进行综合考虑，对海绵广场进行规划设计。

对于未完成海绵城市专项规划的城市，海绵广场的建设应当参照上文中提出的相应分区的年径流总量控制率，综合考虑场地雨水资源化利用、特殊排水防涝需求、海绵措施利用效率以及经济效益等多方面因素，根据经济发展条件确定适当的场地径流总量控制目标。特别是缺水地区可结合实际情况，制定基于直接集蓄利用的雨水资源化利用目标。雨水资源化利用应作为径流总量控制目标的一部分。

2. 径流峰值控制

已有研究表明，低影响开发措施对于常见的中、小型降雨的峰值削减效果较好，但是对特大暴雨事件的错峰、延峰、削峰的能力有限。因此，在海绵广场的建设过程中，城市雨水管渠和泵站的设计重现期、径流系数等设计参数仍然应当按照《室外排水设计标准》（GB

50014—2021）中的相关标准执行。同时，为保障城市安全，达到内涝防治要求，海绵广场作为雨水控制过程中的重要一环，设计人员在确定其径流峰值控制目标时，还应综合考虑城市内涝防治设计重现期的标准。

3. 径流污染控制

雨水造成的面源污染是因降雨和地表径流冲刷，使大气和地表中的污染物进入受纳水体，污染受纳水体的现象。城市面源污染主要是由雨水径流的冲刷作用而引起的。面源污染是引起水体污染的主要污染之一，具有突发性、流量大和污染重等特点。面源污染在径流污染初期作用十分明显，因此，城市下垫面的径流污染控制是城市雨洪管理的控制目标之一。

城市广场硬质下垫面占比较大，设计人员应结合广场实际情况，分析广场产汇流与城市整体水环境质量、径流污染特征等的关系，确定海绵广场的径流污染综合控制目标和污染物指标，通过海绵措施减少城市地表径流携带的污染物。考虑到径流污染物变化的随机性和复杂性，在实际工作中，设计人员一般以径流污染物总量控制率作为径流污染控制目标。场地的径流污染物总量控制率通过径流雨水中污染物的平均浓度和低影响开发措施的污染物去除率来确定，一般采用悬浮物（SS）去除率作为径流污染物控制指标。已有研究表明：海绵措施的年 SS 总量去除率一般可达到 40% ～ 60%。海绵广场年 SS 总量去除率可通过不同地块的年 SS 总量去除率经年径流总量加权平均计算得出。

4. 雨水资源化利用

城市雨水资源化利用是一个多目标、综合复杂的研究项目，其实施过程一般分为雨水收集、储留、处理和回用 4 个阶段，具体实现途径包括雨水渗透和雨水收集利用两个方面。

1）雨水渗透

雨水渗透是一种间接的雨水利用方式，最大优点是补充和积蓄地下水资源。透水性路面可以快速地将地面雨水渗透至道路基层以下，甚至到达地下含水层，所以不会造成地表积水。一些地下水位低、雨水水质较好的地区可以将传统的雨水收集系统（雨水管、雨水口等）改为渗透管（沟）。植被浅沟一般建于城市公园内道路两侧、不透水地面的周边或大面积绿地内等，可以同渗渠或雨水管网联合使用，在完成雨水输送的同时实现雨水净化。目前，市政道路设计常采用“下凹绿地＋雨水花园”的组合技术。下凹绿地用于衔接雨水花园，将雨水收集、输送至雨水花园，同时对雨水进行一定的渗透、调蓄和净化。雨水花园主要收集和处理车行道、人行道、非机动车道及绿化带沿线的径流，通过入渗进行水质处理；不能被绿地下渗的雨水在持水区持续蓄积，随着蓄水高度进一步增大，雨水通过溢流口直接溢流至雨水排放系统中。

2）雨水收集利用

雨水收集利用指雨水经过各种收集及处理设施达到相关水质标准后，成为城市用水的补充资源。屋面的雨水径流人为影响程度小，流量大且相对清洁，故是收集的主要对象。路面雨水收集利用系统通常将市政道路、广场等作为集雨面，将其与初期雨水截流系统联合运用，将雨水中的泥沙、路面有机污染物等截留至污水处理系统中，这可以在很大程度上提高被收集的雨水的水质。绿地雨水收集利用系统不仅可以收集和输送雨水，在输送过程中，还可对雨水中的悬浮物等进行截留，从而初步净化雨水。雨水在流动过程中，部分下渗到土壤中，可以补充地下水，但这会导致雨水收集量减少。被收集的雨水主要用于绿化喷灌、市政道路浇洒、消防和建筑施工用水等，这可以在一定程度上满足近年来城市日益增加的用水需求，缓解我国水资源严重短缺的问题。

各地应根据当地的降雨特征、水文地质条件、径流污染状况、内涝风险控制要求和雨水资源化利用需求等，并结合当地水环境的突出问题、经济合理性等因素，有所侧重地确定海绵广场径流控制目标。

（1）水资源缺乏的城市或地区，可采用水量平衡分析等方法确定雨水资源化利用的目标；雨水资源化利用一般应作为径流总量控制目标的一部分。

（2）水资源丰富的城市或地区，可侧重径流污染及径流峰值控制目标。

（3）径流污染问题较严重的城市或地区，可结合当地水环境容量及径流污染控制要求，确定年 SS 总量去除率等径流污染物控制目标，在实践中，一般将其转换为年径流总量控制率目标。

（4）水土流失严重和水生态敏感地区，宜选取年径流总量控制率作为规划控制目标，尽量减小地块开发对水文循环的破坏。

（5）易涝城市或地区可侧重径流峰值控制，并达到《室外排水设计标准》（GB 50014—2021）中内涝防治设计重现期标准。

（6）面临内涝与径流污染防治、雨水资源化利用等多种需求的城市或地区，可根据当地的经济情况、空间条件等，选取年径流总量控制率作为首要规划控制目标，综合实现径流污染和峰值控制及雨水资源化利用目标。

3.3 城市海绵广场概念方案设计

城市海绵广场概念方案设计需在前期调研与现状分析的基础上进行。设计人员在规划设计原始资料收集完备之后，需进行资料整理、归纳与总结，根据设计任务书进行分析研究；在方案设计阶段，应该首先明确海绵管控目标、设计指导思想和设计原则，以此为依据做出初步的广场总体规划布局和景观要素设计；形成初步概念性方案后，应该进一步明确竖向设计、子汇水区划分、海绵设施布局，通过模型模拟验证概念方案的雨洪管理能力；根据雨洪管理分析计算结果，进一步调整广场景观规划设计方案，重复上述过程，直到得到最终的海绵广场设计方案。珠海金湾航空城产业服务中心海绵广场的概念设计草图主题为“园”与自然、建筑与“人”的融汇，如图 3-1 所示。

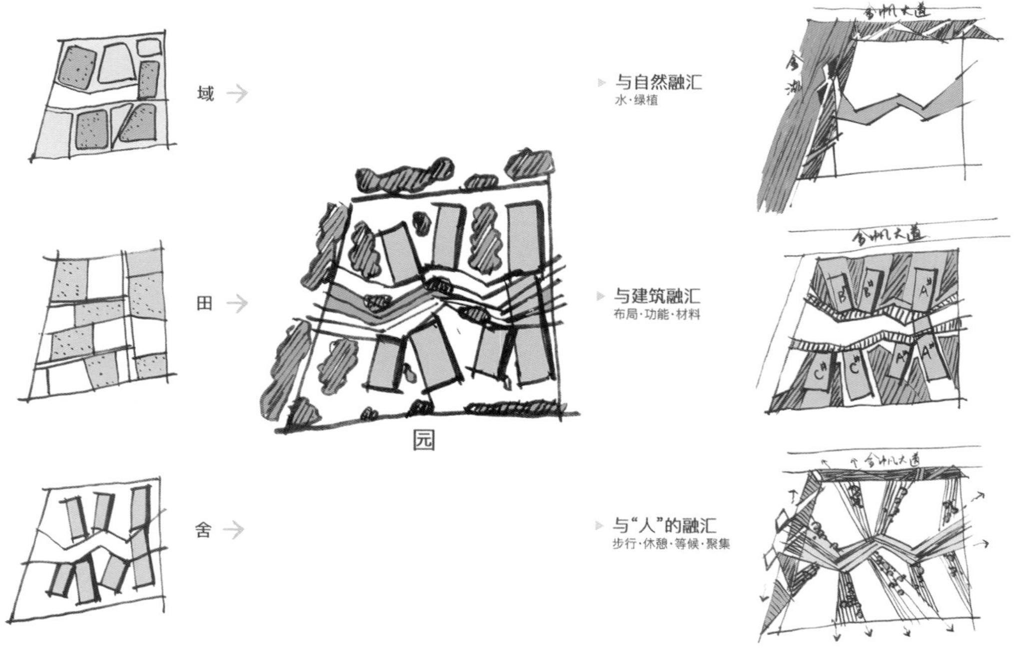

图 3-1 珠海金湾航空城产业服务中心海绵广场概念设计草图
（来源：阿普贝思）

3.4　竖向设计与汇水分区划分

3.4.1　竖向设计

城市广场景观竖向设计是在景观规划设计中依据原有场地标高情况、实际使用功能、场地汇水条件等，对景观要素以及相应景观配套设施在高程上进行的整体协调设计。竖向设计是海绵广场雨洪管理的重要方面。海绵广场的竖向设计不仅应该遵循现状地形特点，而且需要充分利用地形，将适当的海绵措施复合到水体、绿地、小品、台阶以及铺装等广场景观要素中，为场地径流形成路径引导，增强地表对雨水的调控能力。

广场铺装的最适宜排水坡度为 0.5%～2%。广场坡度小于 0.5%，雨水容易汇集在广场表面，此时应适当增大排水坡度或结合透水铺装实现雨水就地下渗。广场坡度大于 2%，会影响人们活动的舒适度，也会影响广场铺装对雨水的滞留能力。除了在广场上设置透水铺装实现雨水的就地下渗外，设计人员还可在广场周边设置渗透盲沟等，以对雨水径流进行阻滞和有组织排放。

广场中的绿化块是消纳雨水的最好场所。《城市绿地分类标准》(CJJ/T 85—2017) 建议广场用地的绿化占地比例大于或等于 35%。在保证广场铺装面积满足使用功能需求后，适当增加广场中的绿化面积可有效增强广场的雨洪管理能力。将雨水引入绿地中是减少雨水径流量的有效措施。将传统广场中的高位花坛“降”下去，形成下凹绿地，能为雨水提供汇入绿地的通道。高坛降低的方式是整体下调绿地高程，形成下凹绿地，将场地原有树池、花池中的绿地竖向高度下降到地面以下 0.1～0.3 m 的位置，形成雨水汇集、下渗的场所。这种方式不仅可以接收周边场地的雨水径流，也可成为雨水过滤、净化与渗透的有效途径。

3.4.2 汇水分区的划分

汇水分区（子汇水区）是指地表径流在汇聚到共同出水口的过程中雨水所流经的地表区域，是一个封闭的区域。每个汇水分区都是一个独立的水力学单元。在同一个汇水分区内，地形和排水系统使得区域内的地表径流直接汇集到一起。汇水分区划分的尺度、准确性及流向真实性等会对城市广场海绵系统的设置产生重要影响。汇水分区划分是水文模型模拟中汇水分区数据输入的基础和前提。汇水分区划分的准确性会对模拟结果产生重大影响。同时，由于下垫面具有复杂、破碎、微小起伏等特征（如道路隔断等微地形会显著改变水流方向，对地表径流以及积水扩散过程产生明显影响），进而增加了汇水分区划分的难度，因此，设计人员在规划设计或进行雨洪模型模拟前应当科学合理地划分汇水分区。随着遥感技术、地理信息系统和全球定位系统的快速发展，利用遥感影像数据、GIS 分析平台，设计人员能够建立精细化数字高程模型，可较为准确地对场地的汇水分区进行划分；也可确定场地排水点，以每个排水点为中心建立缓冲区，大致确定汇水分区边界。

目前，广场汇水分区划分方法有以下两种。

1. 人工勾绘法

广场汇水分区划分一般以地形图为背景，通过人工勾绘实现，但是对于大面积、多管线点的区域，这将是一项非常耗时且繁杂的工作，而且人工勾绘的随机性较大，对地形因素考虑不周到，所以可能会对规划设计和模型模拟造成较大的影响。

2. 以排水管网为主的汇水分区划分方法

该方法主要根据雨水井的空间位置采用泰森多边形法进行汇水分区划分，从而使每个雨水井在理论上都处于汇水分区的中心。该方法虽然考虑了排水管网的影响，但是未充分考虑地形对径流的影响，难以准确模拟城市地表径流的真实情况。

3.5 雨洪管理措施布局

城市广场中可以采用的雨洪管理措施与其他建设用地中采用的雨洪管理措施并无差别。措施选用的重点在于结合广场的使用需求和空间形式。海绵措施的综合运用需要结合广场中硬质场地面积集中的特点，实现雨水的渗透、调蓄、排放以及再利用，因此，城市广场可选用透水铺装、绿色屋顶、雨水花园、下凹绿地、植草沟等（图 3-2 ～图 3-4）不同类型的雨洪管理措施，并通过不同措施的组合实现最佳的雨洪管理效果。

图3–2 天津文化中心广场下凹绿地

图3-3 天津文化中心广场雨水花园

图3-4 植草沟（组图）

设计人员在城市海绵广场设计中，应结合雨洪管理效果、生态景观营造、经济成本等进行整体构思，对透水铺装、雨水花园、植草沟和下凹绿地等多种措施进行综合考虑。在设计中，设计人员可运用水文模型（如 SWMM）调整雨洪管理措施的参数和布局，选取经济、高效且满足广场使用功能的雨洪管理方案，以满足雨洪控制目标以及单项约束条件。

3.6 雨洪管理措施的模拟和优化

雨洪管理措施的规模计算与模型模拟流程如下。

1. 绘制模型

对研究区域的汇水分区、雨量计、管渠等模块进行绘制，构成能模拟区域雨水产汇流过程的网络图。可在 SWMM 中导入研究区域的地形背景图进行绘制；也可用 CAD 绘制底图，通过插件导出 inp 类型文件，在 SWMM 中完成径流模拟，模型绘制示例如图 3-5 所示。

2. 设置属性

SWMM 需要输入的基础资料包括以下两部分。

(1) 所属地区的水文情况、气象资料、土壤渗透率等。土壤渗透率可通过实验实际测定，也可参考 SWMM 手册的推荐参数。

(2) 子汇水区面积、坡度、不渗透率、特征宽度、管道尺寸、雨水井深度等场地数据。上述数据可依据项目的具体设计情况输入实际数值，也可参考 SWMM 手册或相关文件确定参数数值，并根据实际情况进行参数确定。

3. 运行模型

模拟初始选项包括降雨雨量、下渗模型等。降雨数据可为实际降雨数据，也可通过芝加哥降雨过程线模型模拟短期降水状况。需要时还可设定模拟蒸发值，设置好演算模型等后开始运行模型。

4. 方案优化

SWMM 的模拟结果包括子汇水区蒸发、下渗、径流、污染物浓度变化、雨洪管理设施的性能等方面的数据。SWMM 模拟的结果可通过折线图、表格等方式呈现。根据模拟结果，可进一步优化城市广场设计方案，从而更好地实现广场雨洪管理。

SWMM 对城市广场产汇流状况的分析不但可为城市广场海绵系统方案的优化提供依据，而且能够更科学合理地确定各雨水管理措施的规模，同时验证雨水管控设计方案能否实现

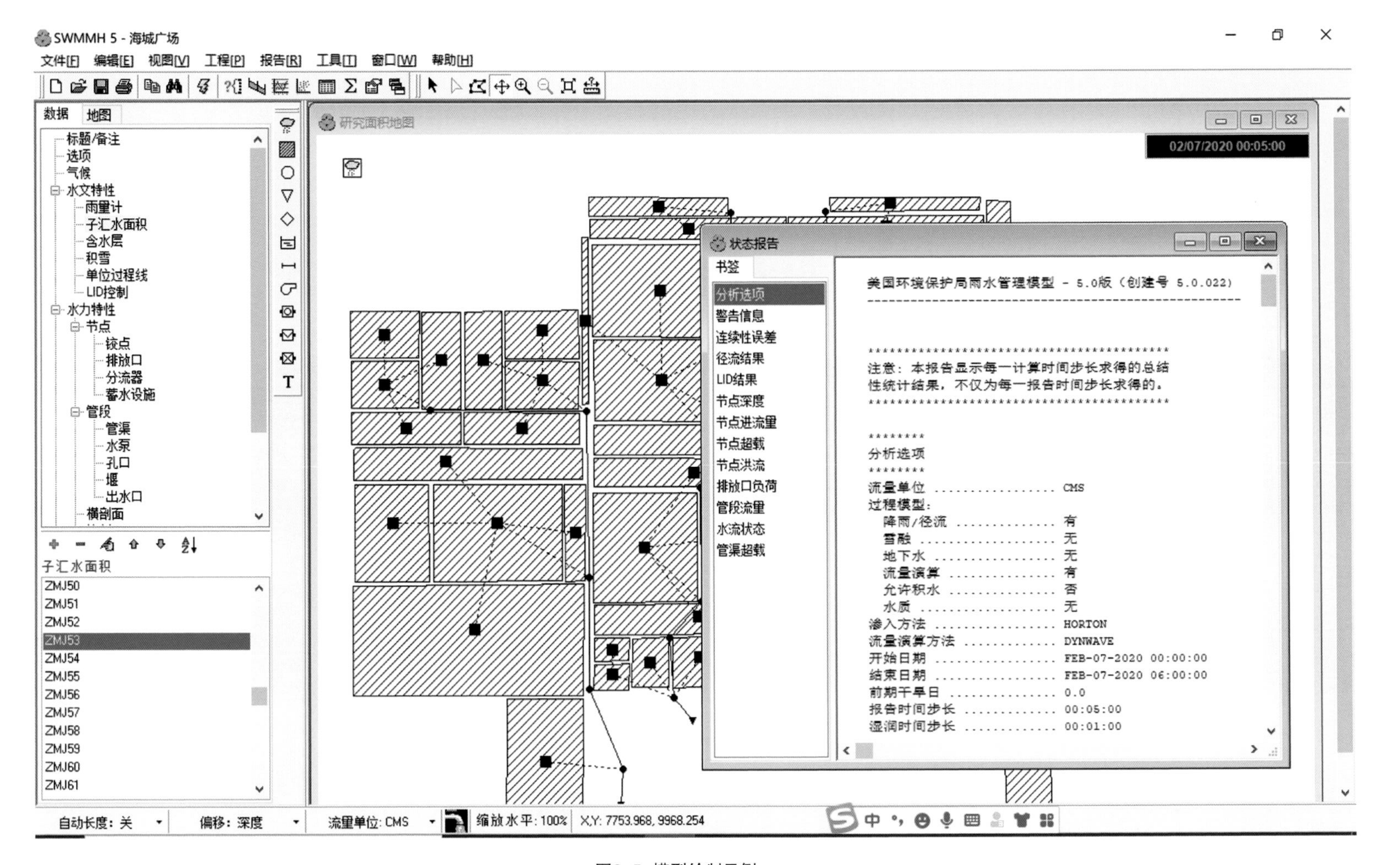
SWMMH 5 - 海城广场
文件[F] 编辑[E] 视图[V] 工程[P] 报告[R] 工具[T] 窗口[W] 帮助[H]
数据 地图
标题/备注
选项
气候
水文特性
雨量计
子汇水面积
含水层
积雪
单位过程线
LID控制
水力特性
节点
铰点
排放口
分流器
蓄水设施
管段
管渠
水泵
孔口
堰
出水口
横剖面
子汇水面积
ZMJ50
ZMJ51
ZMJ52
ZMJ53
ZMJ54
ZMJ55
ZMJ56
ZMJ57
ZMJ58
ZMJ59
ZMJ60
ZMJ61
研究面积地图
02/07/2020 00:05:00
状态报告
书签
分析选项
警告信息
连续性误差
径流结果
LID结果
节点深度
节点进流量
节点超载
节点洪流
排放口负荷
管段流量
水流状态
管渠超载
美国环境保护局雨水管理模型 - 5.0版（创建号 5.0.022）
注意：本报告显示每一计算时间步长求得的总结性统计结果，不仅为每一报告时间步长求得的。
分析选项
流量单位 CMS
过程模型：
降雨/径流 有
雪融 无
地下水 无
流量演算 有
允许积水 否
水质 无
渗入方法 HORTON
流量演算方法 DYNWAVE
开始日期 FEB-07-2020 00:00:00
结束日期 FEB-07-2020 06:00:00
前期干旱日 0.0
报告时间步长 00:05:00
湿润时间步长 00:01:00
自动长度：关
偏移：深度
流量单位：CMS
缩放水平：100%
X,Y: 7753.968, 9968.254

图3-5 模型绘制示例

径流管理控制目标。不同类型的低影响开发措施的雨洪管理效果是各异的。设计人员应在具体分析设计方案中各雨洪管理措施在控制径流量、延缓径流峰值时间以及削减峰值等方面的能力后，根据子汇水区需实现的控制目标，选择最合适的措施；再基于 SWMM 雨水径流模拟结果，进一步调整城市广场的海绵系统设计方案，在经历模拟校验和方案改进的过程后，最终使得城市广场海绵系统方案得到优化。

第 4 章　城市广场海绵系统设计方法

从20世纪60年代开始，欧美多个国家根据自身国情和城市面临的实际情况，陆续提出并不断探索各种雨洪控制与利用方法。如美国提出最佳管理措施（BMPs），其偏重场地末端控制，强调建设可还原场地开发前水文循环的低影响开发（LID）措施，由林荫道、湿地、公园、林地、自然植被等开放空间和自然区域组成绿色基础设施（GI）。英国提出可持续排水系统（SUDS），其提倡排水渠道多样化，将雨水入渗、过滤、净化等环节融入径流转移过程中。日本充分挖掘地下空间，进行雨水的调蓄和储存。澳大利亚提出水敏感城市设计。这些国家对雨水资源化利用的研究已较为丰富，相关理论和政策法规逐渐完善，雨洪管理措施更是渗透于城市各处，如荷兰鹿特丹水广场、德国波茨坦广场等广场景观规划设计建设项目已经实现了对城市广场的雨洪调控与管理。

城市广场的海绵系统规划设计在海绵城市建设中意义重大。海绵广场在营造自然生态的景观氛围的同时，能提升城市雨洪调蓄能力，控制城市面源污染，符合我国城市化发展要求和海绵城市建设要求。

在满足城市广场功能需求的基础上，海绵广场景观规划设计主要依据海绵城市建设要求，从源头端利用生物滞留带（池）、透水铺装等削减雨水径流量，同时对雨水进行预处理；在中端传输过程中利用植草沟、砾石沟等措施，延长雨水汇流时间的同时，促进雨水下渗，补充地下水，还可利用集水边沟、渗透井收集暂存汇流、漫流的雨水；在终端采用储水模块、抽水泵等对雨水进行调蓄利用。

海绵广场中低影响开发措施的选择和运用应充分考虑场地的自然地理状况、降雨、土壤类别等因素，因地制宜地进行海绵系统建设和景观规划设计，如广场绿化的布局模式需考虑地形、竖向设计以及场地排水方式等。广场绿化可结合下凹绿地、生物滞留带（池）、生态树池、湿塘等低影响开发措施及其组合系统展开设计；广场铺装也可根据不同功能需求采用不同的透水铺装形式。

本章从城市广场的硬质景观与雨洪管理设计、植物景观与雨洪管理设计、地形地貌与雨洪管理设计、复合景观与雨洪管理设计4个方面阐述城市广场海绵系统设计方法，通过“渗、蓄、滞、净、用、排”6类措施对城市广场雨水管控系统进行优化设计，构建灰色系统与绿色系统耦合的城市广场海绵体系，实现广场雨水的科学管控和利用，为城市海绵广场景观营造提供强有力的理论支撑与详细的实例解析。

4.1 硬质景观与雨洪管理设计

4.1.1 透水铺装材料

透水铺装是城市广场海绵系统构建过程中最常见的铺装类型。将透水性好、空隙率大的材料根据结构承载力要求应用到不同垫层，可实现雨水下渗、补充地下水、缓解径流的目的。透水铺装材料在具有良好透水效果的同时，兼具美观性和生态性。在传统城市广场的铺装设计中，大部分景观路面或公共活动节点的铺装材料透水性较差，雨水就地下渗的效果极差，形成大量地表径流的同时阻断了雨水在路面垫层与自然水循环系统之间的联系。

目前，市面上常见的透水铺装材料主要有透水混凝土、透水性地砖、透水胶粘石、透水沥青和嵌草铺装等。其中透水混凝土多用于轻负荷的机动车道、人行道或园区内便捷道路；透水性地砖则多用于人行道、城市广场等区域；透水沥青多用于城市快速路等需要具备一定负荷能力的机动车道。

随着材料工艺的迅速发展，可用于广场的透水铺装材料种类多样，景观造型丰富。

1. 透水混凝土

透水混凝土又称多孔混凝土，采用水泥、水、透水混凝土增强剂（胶结材料）掺配高质量的同粒径或间断级配骨料加工而成，具有孔穴均匀分布的蜂窝式结构，连通孔隙率为 15% ～ 25%，具有一定的透水性、保水性、透气性，且具有易维护的特点。这种材料强度大、孔隙率高，能让雨水自然下渗，有效补充地下水；由于形成的铺装面孔隙大，地面上的油类化合物等对环境污染危害较大的大分子物质能够直接下渗；同时透水混凝土形成的粗糙表面通过热吸收和热辐射作用，可有效缓解城市热岛效应。此外，根据景观设计的需求，透水混凝土能够调配出不同色调与肌理形式。因此，透水混凝土是非常适用于且已广泛应用于城市广场的铺装材料。透水混凝土示例如图 4-1 所示。

图4-1 透水混凝土示例（组图）

2. 透水性地砖

从材料和生产工艺角度考虑，透水性地砖（透水砖）主要有陶瓷透水砖和非陶瓷透水砖两种类型。陶瓷透水砖以固体工业废料、生活垃圾、建筑垃圾为原料，通过粉碎、高温烧制而成；非陶瓷透水砖无须煅烧，以无机非金属材料为主要原料，利用有机或无机黏结剂，通过成型、固化等过程制成。透水性地砖孔隙率较高，是块状透水铺装材料。在拼贴时增大砖与砖之间的预留缝隙，能够在满足场地抗压要求的同时提升透水性。

透水性地砖色彩丰富，规格多样，经济实惠，适用于对路基承载能力要求不高的广场集中活动区域，也可用于广场小径、局部休憩空间等。透水性地砖还具有一定的保水能力。在天气干燥时，砖体中存蓄的水分可自然蒸发到大气中，调节场地的空气湿度，起到一定的降温作用。透水性地砖示例如图 4-2 所示。

图4-2 透水性地砖示例

3. 透水胶粘石

透水胶粘石是以改性高分子树脂为胶结材料，将天然彩石、抛光石、玻璃、水晶石、人造再生骨料等牢固地黏结在一起，铺设在混凝土、沥青或级配砂石基层上的生态景观地面铺设材料，具有高效透水、自然美观、色彩多样、经久耐用等特点。其可用于城市广场活动区域、广场景观主路及步行道等多类区域。透水胶粘石示例如图 4-3 所示。

图4-3 透水胶粘石示例（组图）

4. 嵌草铺装

嵌草铺装的硬质铺装部分虽然没有渗透性，但植物部分可对雨水起到较好的下渗作用，可运用在停车区域、小型休憩节点等广场区域。合理的嵌草铺装类型和铺设方式能够给人带来柔和、自然的感受。嵌草铺装示例如图 4-4 所示。

图4-4 嵌草铺装示例（组图）

4.1.2 透水铺装类型

透水铺装是在满足广场使用需求的前提下促进雨水渗透的直接措施，对雨水径流的下渗、滞蓄、净化起到一定作用。在小规模降雨情境下，透水铺装可对地表径流进行有效调控，减少污染物负荷，改善径流污染。在条件允许的情况下，城市广场建设时应当使用透水铺装。在城市广场海绵系统建设过程中，按照对雨水的处理方法和不同功能区承载力的要求，透水铺装有排水型、半透水型、全透水型 3 种类型。

1. 排水型铺装

排水型铺装适用于广场中对承载力、结构强度要求高的区域，如广场管理通道、广场周边城市道路等。排水型铺装的结构一般是面层材料透水，下部设置防水层，避免雨水下渗破坏底部的稳定性。

2. 半透水型铺装

半透水型铺装一般适用于广场中对承载力要求一般的区域，如广场主干道及部分车行道，其可使雨水渗流至基层，并通过其他构造措施进行雨水收集。

3. 全透水型铺装

相较于前两种铺装类型，全透水型铺装结构强度较小，但雨水可通过透水铺装下渗补充地下水。广场中使用的鹅卵石、嵌草砖、汀步等景观效果较好的铺装形式均属于此类铺装的应用范畴。

4.1.3 透水铺装的产流机制

以排水型透水铺装为例，按照时间顺序，雨水渗入透水铺装内部需经历面层初步浸润、面层空隙填充、排水层水流蓄积和渗流 3 个过程。

1. 面层初步浸润

处于干燥状态的铺装表面颗粒物对雨水具有吸附作用，落到铺装表面的雨水在分子力的作用下形成薄膜水，此时铺装表面处于雨水初步浸润状态。

2. 面层空隙填充

铺装面层被雨水初步浸润后，在重力和毛细管力作用下，雨水继续进入透水铺装的表面空隙中。当铺装表层含水量大于自身的最大分子持水量时，入渗水分在铺装面层的空隙中做不稳定流动，并逐步填充空隙直至饱和。

3. 排水层水流蓄积和渗流

排水层表面发挥最大持水能力后，雨水进行竖向渗流至排水层底部。由于排水层底部设置了防水层，雨水可在排水层底部形成蓄积。由于场地铺装具有一定的坡度，当雨水蓄积高度达到集水管高度时，雨水便进入集水管中并最终从其排出。雨水从透水铺装表面垂直下渗至排水层分为两个阶段。第一阶段由降雨条件控制，若降雨速率不超过下渗能力，则雨水下渗速率 = 降雨速率；第二阶段由排水层控制，当排水层导水能力小于降雨速率时，雨水下渗速率 = 排水层导水速率，一部分雨水开始形成地表径流。

4.1.4 案例解析

1. 德国斯图加特米兰广场

德国斯图加特米兰广场处于德国斯图加特 21 世纪更新项目 A1 区的中心区域。德国戴水道设计公司在 2011 年米兰广场的设计竞赛中脱颖而出，荣获一等奖，并受政府委托将获奖方案建设落地。米兰广场原本是一个传统的欧洲老广场，所处地段繁华，与许多公共建筑相邻，但缺乏创新与生机，并未显示出过多的优势和作用。

项目分为 3 个区域，核心区域为中心水景，两侧为橡树广场与玄武岩平台。三者完成了空间上的重组，性格鲜明突出，充满活力，成为新城区不可替代的地标。米兰广场布局如图 4-5 所示。

图4–5 米兰广场布局
（来源：http://www.ideabooom.com/7218）

由于项目基地与城市商业文化中心以及住宅区相邻，因此设计方案要在满足城市广场的不同功能要求的基础上，突出景观属性。此外，米兰广场的设计秉持“反过度设计”的理念，所有景观元素的材料和颜色都源自场地本身，即使是照明也只保留了必需的部分，因为过多的装饰性照明反而会带来光源污染和能源损耗。米兰广场夜景照明如图 4-6 所示。本项目获得了德国可持续建筑协会（DGNB）颁发的绿色建筑认证证书。高质量、实用性与生态性并重的米兰广场设计方案满足了城市的可持续发展需求。

图4-6 米兰广场夜景照明
（来源：http://www.ideabooom.com/7218）

在场地雨水收集与景观设计中，米兰广场主要应用透水铺装。虽然场地现有的地下结构限制了广场径流的自然下渗过程，但设计人员仍将能改为透水铺装的地方都换上了透水性能好的铺装，通过降低橡树林绿化区域的地表高度，引导径流流入，同时林中活动空间节点的可渗透表面也实现了雨水径流部分下渗，如图 4-7 所示。自然下渗系统收集到的场地径流通过适当处理后形成的雨水资源被用作广场中的水景水源，如图 4-8 所示。这种处理方式不仅有效减少了暴雨带来的广场内涝问题，而且实现了广场雨水的资源化利用。

图4-7 米兰广场林中节点
（来源：http://www.ideabooom.com/7218）

图4-8 米兰广场雨水利用设施
（来源：http://www.ideabooom.com/7218）

2. 斯帕斯基城堡及教堂公共广场改造

本项目位于乌克兰首都基辅，由 AER 事务所进行景观规划设计，设计对象包括环绕教堂的城市广场以及城堡顶部的小公园。在雨季，场地的雨洪问题较突出，雨水会进入教堂内部，这就需要通过景观设计来解决雨洪问题。通过改造，教堂周围的大部分空间从分散的绿地中被解放出来，显得开敞空旷。与之前相比，经改造的教堂广场更大，且采用了下沉的形式，进而疏通了场地上的排水流线，为教堂周围带来了开阔的空间与优美的环境氛围。

广场采用了透水铺装，提升对雨水的下渗能力。带缝隙的透水铺装能够增加城市可透水透气的面积，加强地表热量与地下水分的交换；夏季能吸收路面热量，释放空隙下土壤中的水汽，调节城市局部环境，降低地表温度，缓解城市热岛效应。改造后的广场实景如图 4-9 和图 4-10 所示。

图4-9 斯帕斯基城堡及教堂公共广场改造后实景（一）

图 4-10 斯帕斯基城堡及教堂公共广场改造后实景（二）

3. 安纳西保罗 • 格里莫尔休闲广场

安纳西保罗 • 格里莫尔休闲广场位于法国，场地原本为一个缺乏特色的混凝土广场，设计师通过对周围环境的细致调研重新设计了广场景观。设计的目的是让旧广场变成一个能够展现四季山地美景，被市民、游客和滑雪爱好者喜爱的场所。

场地采用了透水铺装、雨水回收措施等多种具有雨洪管理功能的措施，并在保证路面透水性能和承载力的前提下，使路面呈现出不同的色彩搭配。路面色彩使建筑、景观显得更加鲜明和优美，彰显出广场的魅力。透水路面使大地得以呼吸，促进现代城市和自然环境之间的和谐共生，同时采用喷涂、着色、密封等措施实现绚丽色彩、铺装图案、景观的相互融合。

广场的北部是一个种有植物的三角形散步场地。平坦的地势和与生长相关的景观主题可使人联想到拉皮亚兹式的“石灰平原”。广场南面是宽阔的矩形平台，也是整个项目的“心脏”所在。抬升的地势使其能够为广场引入山景，产生类似于山顶餐厅露台的氛围。这个地方在晴朗的天气里深受滑雪者们的喜爱。广场的平面布局如图 4-11 所示，广场雨洪管理措施如图 4-12 ～图 4-14 所示。

图 4-11 安纳西保罗•格里莫尔休闲广场平面布局

图 4-12 安纳西保罗•格里莫尔休闲广场雨洪管理措施（一）（组图）

图 4-13 安纳西保罗•格里莫尔休闲广场雨洪管理措施（二）（组图）

图 4–14 安纳西保罗•格里莫尔休闲广场雨洪管理设施（三）（组图）

4.2 植物景观与雨洪管理设计

植物是广场海绵系统中最具生命力的自然要素，具有减缓径流、促进下渗、净化雨水等多重雨水调控功能。合理的植物品种选择和景观配置也是海绵系统和低影响开发措施长期、有效发挥功能的重要保障。在城市广场中，合理营建植物景观能够净化径流、促进雨水自然下渗，同时，收集的雨水还能够作为绿化浇灌用水，实现雨水资源化利用。植物还能够改善小气候，缓解城市热岛效应，为市民提供更加舒适的休闲休憩场所。因此，在满足城市广场功能需求的前提下适当提高绿化率，充分利用雨水资源，并在有限的空间中营造视觉效果佳、生态效益好的植物景观显得尤为重要。

区别于传统的绿化景观，海绵广场的绿化景观设计需兼顾植物造景和低影响开发措施的植物要求两部分内容。植物景观是低影响开发措施发挥作用的重要媒介，也是其长期、高效运行并发挥生态作用的影响因素。雨水花园、绿色屋顶、植草沟等措施通过结合植物，可起到减少径流、减缓径流流速、净化水质等雨洪管理作用。

4.2.1 植物筛选

海绵广场的植物选择需要优先考虑广场所在区域的乡土植物，兼顾生态效益和经济效益；选用耐水淹、耐干旱、耐盐碱等抗性强的植物品种；对于污染较重的地区，应充分考虑植物的抗污染能力，选择根系发达、对污染物质耐受性强的植物；在不同低影响开发措施的边缘区、缓冲区、蓄水区等不同的生长环境，根据抗逆性选择适合的植物。

植物的雨洪管理作用主要体现在有效减缓径流流速、促进径流下渗，特别是耐水湿、耐干旱、耐冲刷、根系发达、茎叶繁茂、净化能力强的植物能够发挥较强的海绵作用。此外，不同类型的低影响开发措施对植物的要求各有侧重，如表 4-1 所示，因此应根据低影响开发措施的类型及功能特点选择相应的植物。

对于渗滞类低影响开发措施，需要保证在暴雨时期实现汇入径流的迅速下渗或滞留。

表4-1 不同类型的低影响开发措施对植物的要求

技术类型	具体措施	对植物的要求			
		耐湿	耐旱	耐冲刷	净化能力
调蓄类	雨水塘	●	◐	◐	◐
	雨水花园	●	●	◐	○
	雨水湿地	●	◐	○	●
传输类	植草沟	○	●	●	◐
	植被缓冲带	◐	◐	●	●
截污净化类	雨水湿地	●	◐	○	●
	雨水花园	●	●	◐	●
	湿式植草沟	●	◐	●	●
	嵌草砖	◐	●	○	○
渗滞类	绿色屋顶	○	●	○	○
	雨水花园	●	●	◐	●
	渗透塘	●	●	○	◐
	干式植草沟	◐	●	●	○

注：●表示“能力强”，◐ 表示“能力一般”，○表示“能力弱”。

例如，雨水花园的雨水渗透时间要求低于 48 h。另外，雨水花园可能面临长期干旱或短期储水的状态，属于短期渗滞类低影响开发措施，因此，对植物的耐旱、耐湿性能要求较高。不同结构和功能类型的雨水花园对植物的要求如表 4-2 所示。同时，雨水花园土壤的渗透能力与植物根系密切相关，应该优先选用根系发达的植物，在种植方式上，应合理密植以

表4-2 不同结构和功能类型的雨水花园对植物的要求

类型		对植物的要求
结构	底部无防渗膜	长时耐旱，短时耐淹，根系发达
	底部有防渗膜	长时耐旱，短时耐淹，根系无穿刺性
功能分区	边缘区	耐旱能力强
	缓冲区	耐冲刷、耐旱能力强，有一定的耐淹能力
	蓄水区	耐淹能力、净化能力强，有一定的耐旱能力

减少杂草竞争、提高物种稳定性。雨水花园功能分区如图 4-15 所示。

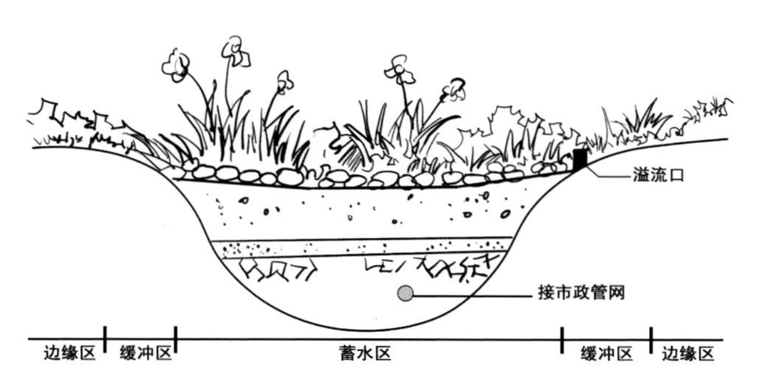

图4-15 雨水花园功能分区

对于传输类低影响开发措施，其主要目标是实现雨水径流的传输，并在传输过程中完成对部分污染物的净化。以植草沟为例，长期干旱、短时期传输的环境要求植物具备较强的耐旱、耐冲刷能力以及一定的净化能力。植草沟在设计规范中的设计要求包括：纵坡坡度为 1% ～ 5%、坡度比为 1/3 ～ 1/2，同时综合考虑美观性和功能性。植草沟中的植物多选择 100 ～ 200 mm 株高的草本植物。此外，对于不同结构的植草沟，植物的选择也各有侧重，如表 4-3 所示。在种植方式上，植物应合理密植形成稳定群落，使雨水径流在流动过程中得到充分净化。植草沟结构示意如图 4-16 所示。

表4-3 不同结构和功能类型的植草沟对植物的要求

	类型	对植物的要求
结构	边坡植物，底部碎石	抗倒伏，根系发达，耐冲刷能力强
	边坡碎石，底部植物	长时耐旱，短时耐淹，且具有一定的耐冲刷能力
功能	有净化功能	长时耐旱，短时耐淹，且具有一定的耐冲刷能力和净化能力
	无净化功能	视结构类型而定

对于截污净化类低影响开发措施，其首要目标是削减径流污染，因此应该选择净化能力强的植物。以雨水湿地为例，湿旱相间的环境要求植物具备较强的耐湿、耐旱能力；不同结构的雨水湿地对于植物的要求也不同。雨水湿地不同功能分区对植物的要求如表 4-4 所示，雨水湿地功能分区如图 4-17 所示。

图4-16　植草沟结构示意
（a）类型1；（b）类型2

表4-4　雨水湿地不同功能分区对植物的要求

功能分区	对植物的要求
边缘区	耐旱能力强，且具有一定耐冲刷、抗污能力
预处理区	长时耐旱，短时耐淹，且净化能力强
沼泽区	净化能力强且抗水淹，如挺水植物
深水区	净化能力强且抗深水淹，如沉水、浮水和部分挺水植物

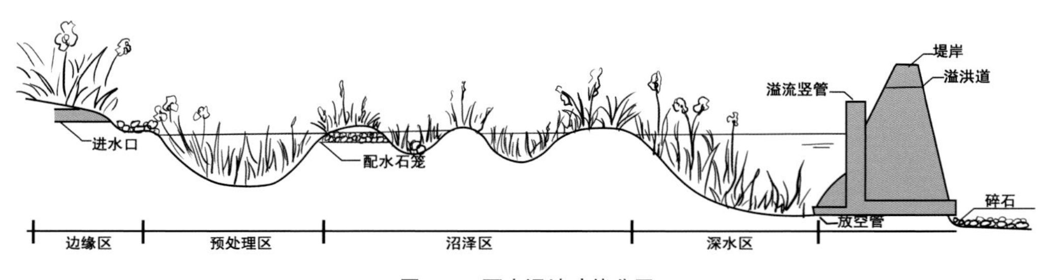

图4-17　雨水湿地功能分区

对于调蓄类低影响开发措施，削减径流、实现雨洪调蓄是其主要功能，对径流水质进行净化是其次要功能。例如干塘长期干旱，短期储水并且 24 h 内会将雨水排空，这就要求植物耐旱、耐湿能力强，且根系发达。湿塘则是长期储水、短期干旱的环境，其内种植的植物除要求耐旱、耐湿能力强外，还需要具备一定的净化能力，故多选用水生植物或两栖植物。

4.2.2 植物配置

1. 本土优先，注重生态

生态性和乡土性是植物配置过程中需首要考虑的因素。设计人员在进行植物配置时应该首先考虑环境因素，如降雨量、土壤渗透性、盐碱度以及温湿度等，并按照环境对植物的性能要求进行选种。其次，在具体选种时要优先考虑选用本土植物，特别是体量较大的乔灌木。在选用草本植物时，可以适当考虑引种其他地区多类型的寿命较长、抗逆性较强的多年生物种，尽量降低建设成本和管理维护成本。最后，在进行配置设计时，要充分考虑环境的影响和植物的种间竞争，合理设计乔、灌、草多层次复合结构，提高低影响开发措施生态系统的稳定性。

2. 科学搭配，提升景观

植物景观群落的设计包括垂直和水平两个方向的合理搭配。在垂直方向上，植物群落对雨水的截留能力受生活型、郁闭度、坡度、面积、土壤类型等因素影响。有关研究表明，稳定的植物群落应该同时具有春、夏、秋观花植物，并且在配置上对它们按照花期早晚进行垂直分布。在进行植物配置时，应注意：在株高方面，花期越早，株高越低；在种植密度方面，植物越高，密度应越低；在比例方面，春、夏、秋植物占比分别为 70%、20%、10%。此外，根据调研和评价情况，北方的低影响开发措施中还应增加常绿乔灌木以丰富四季景观。在水平方向上，各类型植物应该合理密植，这样既能防止土层裸露，促进美观，又能提高物种的竞争力，从而形成稳定群落，能使径流污染物被充分过滤、吸附和净化。此外，设计人员还应该合理进行种间搭配，布置景观小品或配套措施，提高植物景观的美观度。

3. 注重艺术性与观赏性

绿地系统是城市广场雨洪管理系统中的重要组成部分，在注重其功能性的同时，也需要考虑艺术性和观赏性，提升城市广场的整体空间品质。一方面，在进行植物配置时需要考虑植物之间的色彩、质感、体量、空间层次等因素，在植物的多样统一、对比协调中寻求平衡、合理的配置，构建美观的低影响开发措施植物景观；另一方面，在设计时，要注意使植物融入周边环境，特别是植物的高度、体量、种植密度等应与环境相协调，注重软质区域与广场硬质铺装之间的衔接与过渡，并根据环境场地类型调整种植方式。

4.2.3 案例解析

1. 美国波特兰俄勒冈会议中心广场雨水花园

波特兰市位于美国西北部，受季风气候影响，降雨量较大。短时间强降雨使地表径流汇集压力较大，这成为波特兰市亟须解决的问题。俄勒冈会议中心广场的雨水花园由跌水、石材、植物三大体系组成，解决了雨水排放和初步净化处理的问题，如图 4-18 所示。跌水

图4-18 美国波特兰俄勒冈会议中心广场雨水花园（组图）

景观可以有效减缓水流速度，达到下渗、滞留的效果，减轻了建筑与周边硬质铺装在雨季产生的大量汇流对市政排水系统的压力。设计师通过在雨水槽中使用大量卵石、碎石铺底，种植许多水生去污植物，使得雨水在下渗的同时实现了径流的过滤和净化。经过过滤的干净清洁的水透过土壤下渗到地下，实现了雨水资源的生态循环。

2. 丹麦轨道广场

丹麦轨道广场位于丹麦奥尔堡市。为了应对城市内涝，丹麦开始采用城市雨洪管理系统，提出了哥本哈根气候适应性规划，将对洪涝的应对措施纳入了城市规划层面。该项目基地原本是一个火车货运站，位于一块平坦的硬质广场中。设计师在基地的相对低洼处建造了一个生物滞留池。暴雨来临时，雨水汇入低洼处的生物滞留池中，进行滞留与下渗。这一措施不仅降低了区域内涝的发生概率，使水资源回流地下，还为市民的科普教育、商业活动和休闲娱乐提供了更多的活动空间。改造后的广场实景如图 4-19 所示，平面如图 4-20 所示，改造模型如图 4-21 所示。

广场周围的其他设施也配合其发挥雨洪调蓄的作用，周边建筑几乎都设置了可收集雨水的绿色屋顶，体育设施和草坪也都低于地表高度，以便在暴雨时有效收集雨水，广场海绵措施如图 4-22 和图 4-23 所示。

图4-19 丹麦轨道广场改造后实景

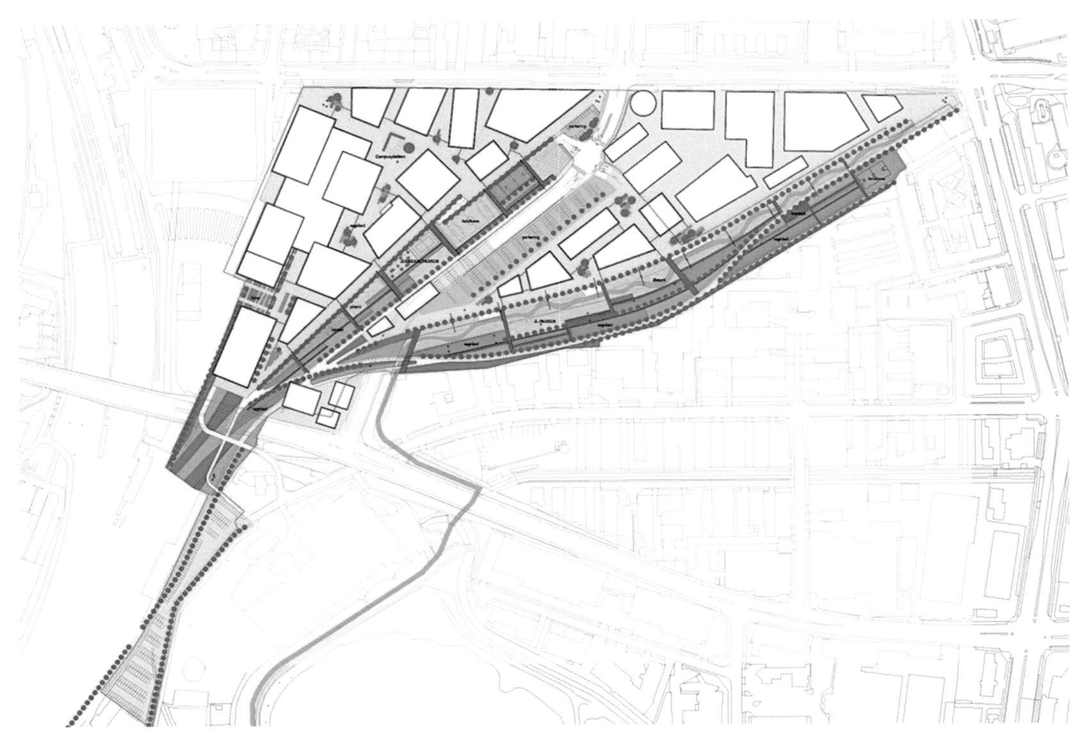

图4-20 丹麦轨道广场改造后平面

图4-21 丹麦轨道广场改造模型

图4-22 丹麦轨道广场改造后的海绵措施（一）（组图）

图4-23 丹麦轨道广场改造后的海绵措施（二）（组图）

3. 河北格雷服装产业园中心广场

河北格雷服装产业园中心广场中的雨水径流沿着广场底部的管网系统流入雨水花园。雨水花园内栽种着本土抗淹植物，可过滤大部分固体悬浮物。植物的生长和调节可吸收氮、磷等水中富集的营养物质。同时该雨水设施可补充地下水，最大限度地分担市政管网的压力，其收集的雨水可以满足园区所需的灌溉及景观用水。其雨水花园设计如图 4-24 所示，中心广场实景如图 4-25 所示，雨水花园系统如图 4-26 所示。

图4-24 河北格雷服装产业园雨水花园设计
（来源：阿普贝思）

图4-25 河北格雷服装产业园中心广场实景
（来源：阿普贝思）

按照当地的平均年降雨量520 mm计算，此海绵广场每年可以从建筑屋顶、广场铺装、道路等区域收集、净化约2万m^3雨水，这使得整个产业园区构成了一个相对独立的雨水循环系统。中心广场海绵系统可应对十年一遇的暴雨径流。

中央绿地中具有水、石、草地、树木、野花带、丘谷等娱乐体验所需要的景观元素。设计团队将预留地转化成一个供人休闲放松的生态绿园，利用地下车库挖出的土塑造了连续流畅的地形，营造出具有东方美学的立体绿化空间；自然融合3处连通的微凹绿地（共计6 909 m^2）于其中，承接消纳地表径流（最大蓄水能力为2 780 m^3）；将草地设计为野牛草和二月兰混播的节能型草地；应用预制混凝土等低碳材料建设线性路面，使得使用者可通过步行、骑行等方式观赏景色。根据项目条件，该系统采用多种小型和节约型的非工程的景观设施，用分散式的绿色基础设施布局消纳自身及周边的雨水径流，如图4-27所示。

01 雨水花园与洼地

02 洼地

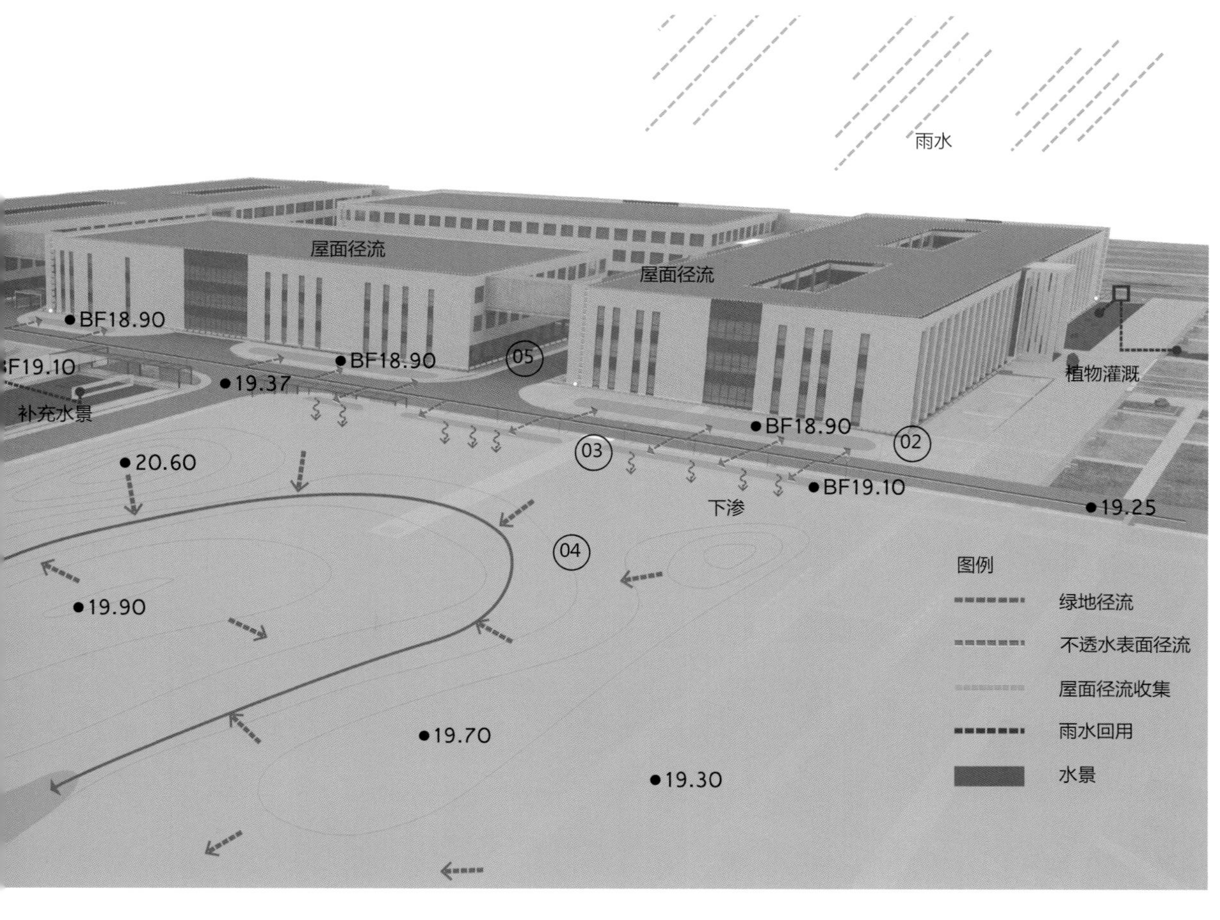

图4-26 河北格雷服装产业园雨水花园系统
（来源：阿普贝思）

图4-27 河北格雷服装产业园文化长廊雨水花园（组图）
（来源：阿普贝思）

4.3 地形地貌与雨洪管理设计

地形处理是景观设计的重要内容，也是城市广场海绵系统构建的主要环节。地形处理的重要目的之一就是减少场地洪涝灾害的发生风险，在确定广场竖向地形关系时需要先处理好使用功能、景观特点与防洪治涝之间的关系。

从形式上来看，城市广场的地形可以分为软质地形和硬质地形两类。城市广场海绵系统的规划设计可利用地形地貌与植物组合划分出不同的景观空间，引导雨水径流路径并发挥生态功能；应统筹考虑地形地貌要素，针对实际情况进行优化设计。

4.3.1 软质地形

软质景观主要包括园林植物、自然地形等。软质地形依据空间构成关系可分为环岛式、坑洼式和复合式 3 种类型，如图 4-28 所示。软质地形与低影响开发措施的植物景观相结合，可以利用微地形设置下凹绿地、雨水花园等渗滞类措施，或利用坡度设计植草沟、植物缓冲带等，也可以利用原本的低洼区域设置湿塘、人工湿地等低影响开发措施，降低建设成本和维护成本，保障景观生态的完整性。同时软质景观可成为雨水径流路径的生态展示面，吸引路过的行人，实现生态教育，强调景观的生态价值。

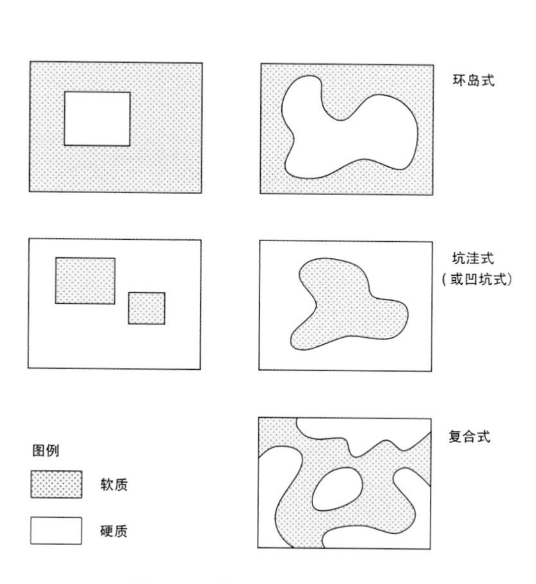

图4-28 软质地形的3种类型

4.3.2 硬质地形

硬质地形主要包含广场中的硬质铺装、硬质雨水调蓄区域等。按照雨洪管理模式的不同，硬质地形分为下凹式水调蓄地形、退台式水过滤地形和退台式水溢流地形 3 种类型，如图 4-29 所示。不同的组合可提升城市广场的雨水调蓄、净化等能力。广场硬质铺装部分同样可兼具雨洪管理功能，如下沉式广场在无雨状态下可以作为游人的活动空间；在暴雨状态下，广场使用需求极小，部分下沉空间可以被设计成可直接蓄积雨水的雨洪缓洪区，容纳多余雨水径流，从而缓解广场所在区域的雨洪压力。这一方法在很多现代广场中得到应用，是下凹式调蓄类雨水处理措施的典型应用。

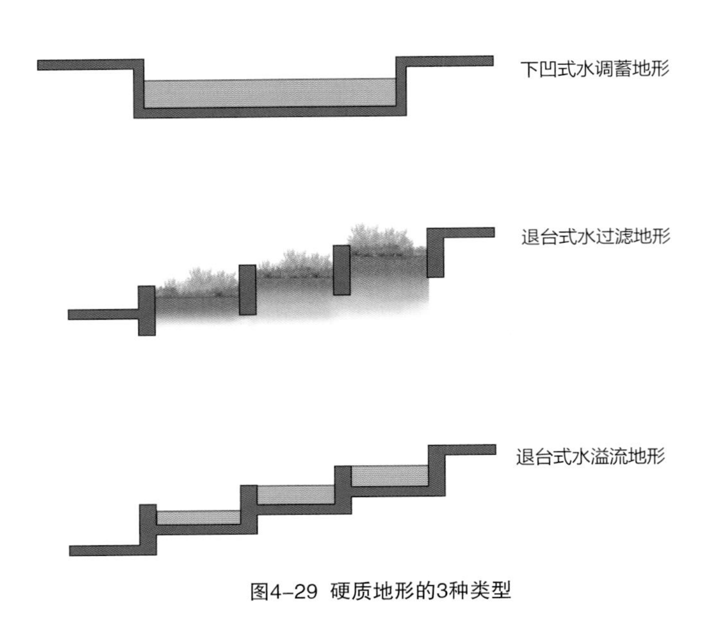

图4-29 硬质地形的3种类型

4.3.3 案例解析

1. 荷兰鹿特丹水广场

荷兰鹿特丹水广场主要由运动场和游乐设施两部分组成，如图 4-30 所示。运动场通过下沉处理，标高相对于地平面降低了 1 m，周围区域形成游客观看比赛的台阶。广场平时作为游憩广场使用，雨季时根据径流量多少呈现出动态变化的多种淹没景观形式。广场休闲

图4–30 荷兰鹿特丹水广场(组图)

城市广场海绵系统规划设计

3. 达卡大学景观广场

孟加拉国达卡大学内的景观广场由清真寺、图书馆、食堂和教学楼等建筑围合而成。其景观改造计划是将原有场地变成人们的聚会交往空间。为了使场地更具活力，设计师通过不同类型的景观设计手法吸引人流，提升整个空间的环境品质。

为了充分激发场地潜力，设计的重点在于搭建“记忆档案”，通过共同记忆引发人们的共鸣。下沉的水池映出天空倒影，连续的台阶与下沉庭院中央的水池组成一个精巧的画廊空间，与背景中的中心图书馆交相呼应。本土化的材料与细致的建造工艺为人们营造出多维度的感官体验。

项目采用了传统的土方挖填策略，在地面以下及以上约 0.9 m 的竖向范围内进行挖方与填方，从而创建出起伏的景观地形。这种起伏的空间形态基于场地背景、树木以及周边建筑的形式在美学与功能方面都与周边环境相呼应。通过应用多孔砖铺装，场地的雨水下渗性有了较大提升。带有红色氧化层的金属装置与水泥表面相结合，清晰地界定出广场的边界，丰富了项目整体的视觉效果。

架空的金属桥指向清真寺、图书馆和社会科学学院的方向，成为项目中带有指向性的重要空间节点。架空的设置为桥下的灌木留出了自由生长的空间，穿孔金属板制成的桥身在光线的照射下形成有趣的光影效果。景观小品的设计灵感来自场地内原有的独特植被，它们吸引着人们驻足观赏。达卡大学景观广场实景如图 4-36 ～图 4-39 所示，设计分析如图 4-40 ～图 4-42 所示。

图4-36 达卡大学景观广场实景(一)

图4–30　荷兰鹿特丹水广场(组图)

区域由多个处于不同水平面的可坐、可玩、可憩的空间组成。广场由草地与乔木围合而成，加强了场地对雨洪管理的效果。

这样的景观处理方式保证了海绵广场在一年中多数时间里是一个干爽的休闲空间。在常规雨季里，雨水可以就地下渗或被泵入排水系统，使得场地仍保持干燥。只有当遭遇强降雨时，广场才会成为临时储存雨水的空间。雨水广场注满水时的安全问题尤为重要。设计师采用了一套结合公共空间美学的警示系统，通过色码灯对水深做出指示。不同颜色的灯标识广场不同的雨水标高，水位越高将出现越多的红灯。此外，边界护栏也可以防止儿童进入蓄水状态下的广场。广场雨水的设计容量为 1 000 m^3，且雨水储存时长通常不会超过 32 h。

2. 马德里生态城广场

马德里生态城广场项目旨在将绿色生态理念融入广场设计中，从而向民众传递将生态融入日常生活的观点。广场是市民进行社交互动、学习生态知识、了解可持续发展理念的绝佳场所。生态城广场位于城市建筑的前端，中心设有一处雨水净化设施。通过地形处理，建筑以及广场周边的雨水会汇入雨水净化设施中。所有被收集的雨水经过净化后被储存到砾石水槽里，用于广场的植被灌溉。通过简单的地形高差处理，设计师不仅提升了建筑以及广场周围的景观环境，保护建筑免受雨洪灾害的影响，而且使建筑前的空地成为一个绿色生态的休闲活动区域。马德里生态城广场实景如图 4-31 和图 4-32 所示，广场剖面示意如图 4-33 所示，海绵措施布局如图 4-34 所示，海绵管控分析如图 4-35 所示。

图4-31 马德里生态城广场实景(一)

图4–32 马德里生态城广场局部（组图）

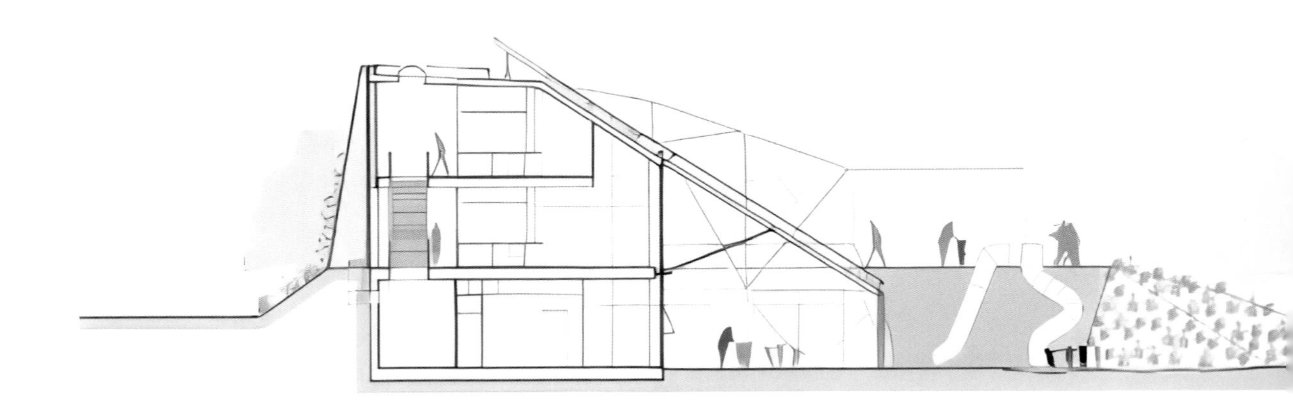

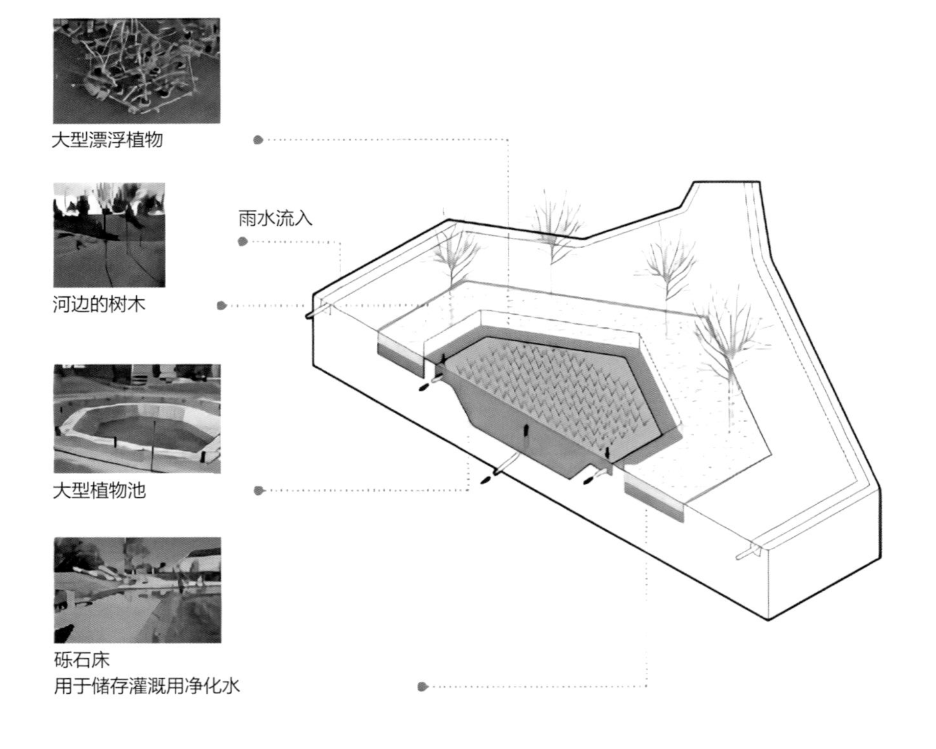

图4-34 海绵措施布局

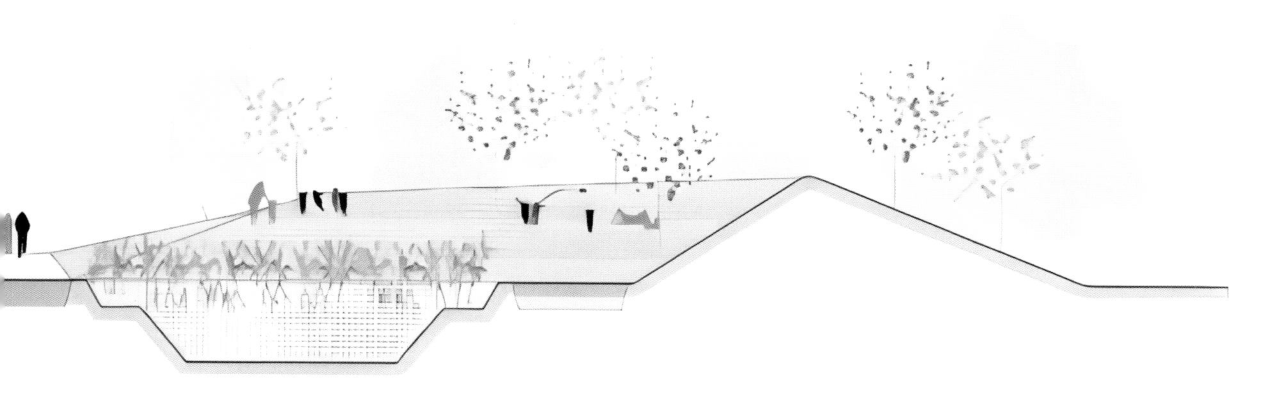

图4–33 马德里生态城广场剖面示意

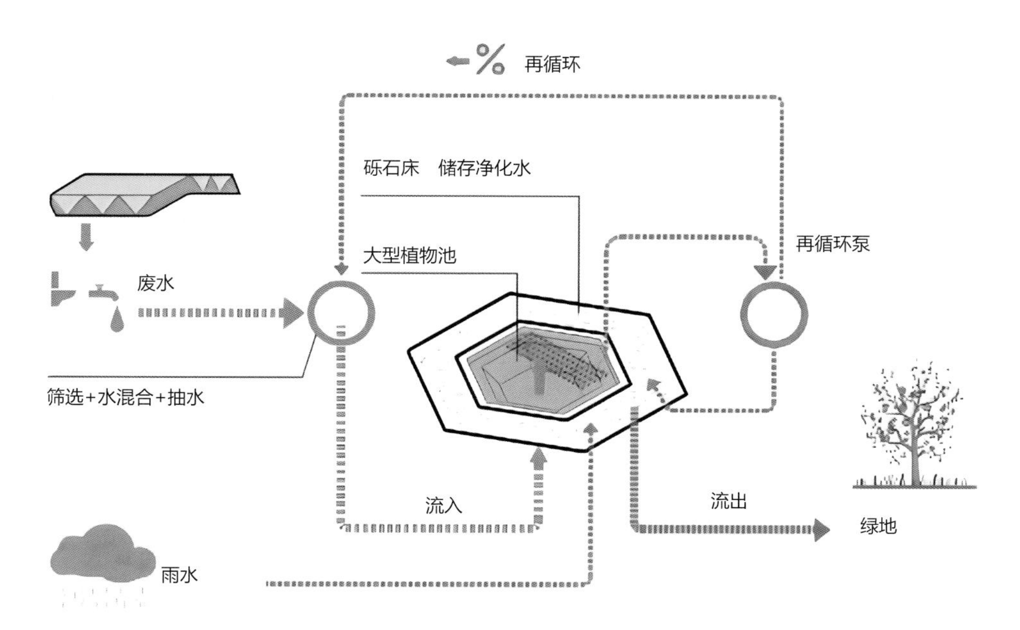

图4–35 海绵管控分析

3. 达卡大学景观广场

孟加拉国达卡大学内的景观广场由清真寺、图书馆、食堂和教学楼等建筑围合而成。其景观改造计划是将原有场地变成人们的聚会交往空间。为了使场地更具活力，设计师通过不同类型的景观设计手法吸引人流，提升整个空间的环境品质。

为了充分激发场地潜力，设计的重点在于搭建“记忆档案”，通过共同记忆引发人们的共鸣。下沉的水池映出天空倒影，连续的台阶与下沉庭院中央的水池组成一个精巧的画廊空间，与背景中的中心图书馆交相呼应。本土化的材料与细致的建造工艺为人们营造出多维度的感官体验。

项目采用了传统的土方挖填策略，在地面以下及以上约 0.9 m 的竖向范围内进行挖方与填方，从而创建出起伏的景观地形。这种起伏的空间形态基于场地背景、树木以及周边建筑的形式在美学与功能方面都与周边环境相呼应。通过应用多孔砖铺装，场地的雨水下渗性有了较大提升。带有红色氧化层的金属装置与水泥表面相结合，清晰地界定出广场的边界，丰富了项目整体的视觉效果。

架空的金属桥指向清真寺、图书馆和社会科学学院的方向，成为项目中带有指向性的重要空间节点。架空的设置为桥下的灌木留出了自由生长的空间，穿孔金属板制成的桥身在光线的照射下形成有趣的光影效果。景观小品的设计灵感来自场地内原有的独特植被，它们吸引着人们驻足观赏。达卡大学景观广场实景如图 4-36 ～图 4-39 所示，设计分析如图 4-40 ～图 4-42 所示。

图4-36 达卡大学景观广场实景(一)

图4-37 达卡大学景观广场实景(二)（组图）

图4-38 达卡大学景观广场实景(三)（组图）

图4-39 达卡大学景观广场实景(四)（组图）

绿色高架床平台上的入口
砖铺面上的砖制座椅
分段式座椅
绿色小屋
网状结构
悬挂式金属桥
开放式咖啡馆
阶梯地形与地面之间的空间
观景台

图4-40 达卡大学景观广场设计分析图（一）

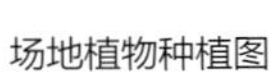
场地植物种植图

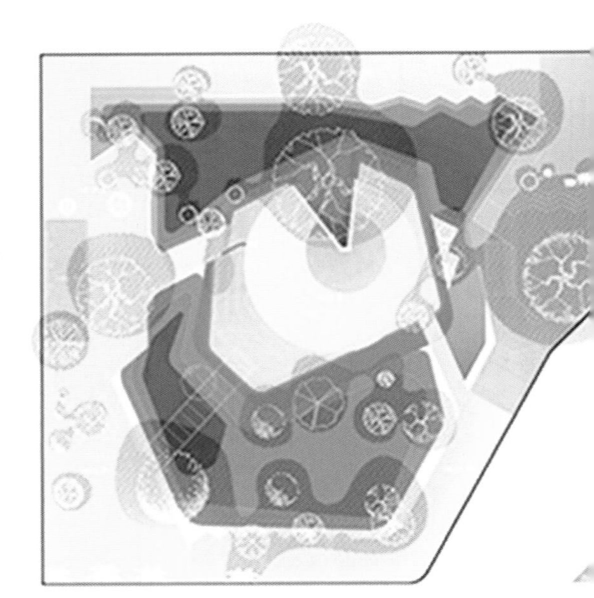

场地铺装

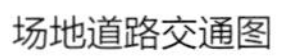
场地道路交通图

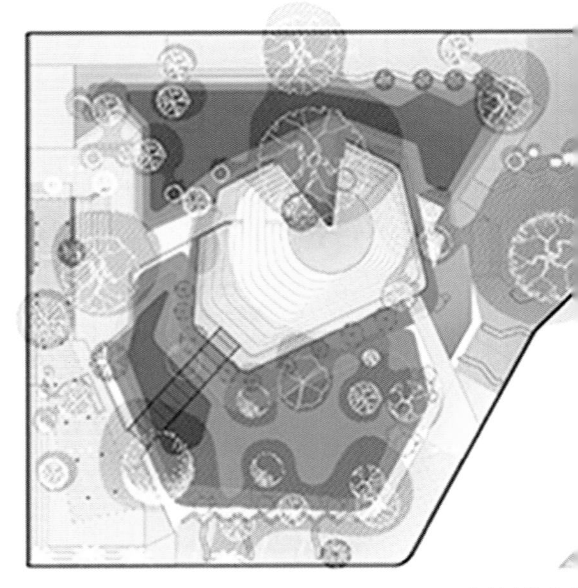

场地功能分区

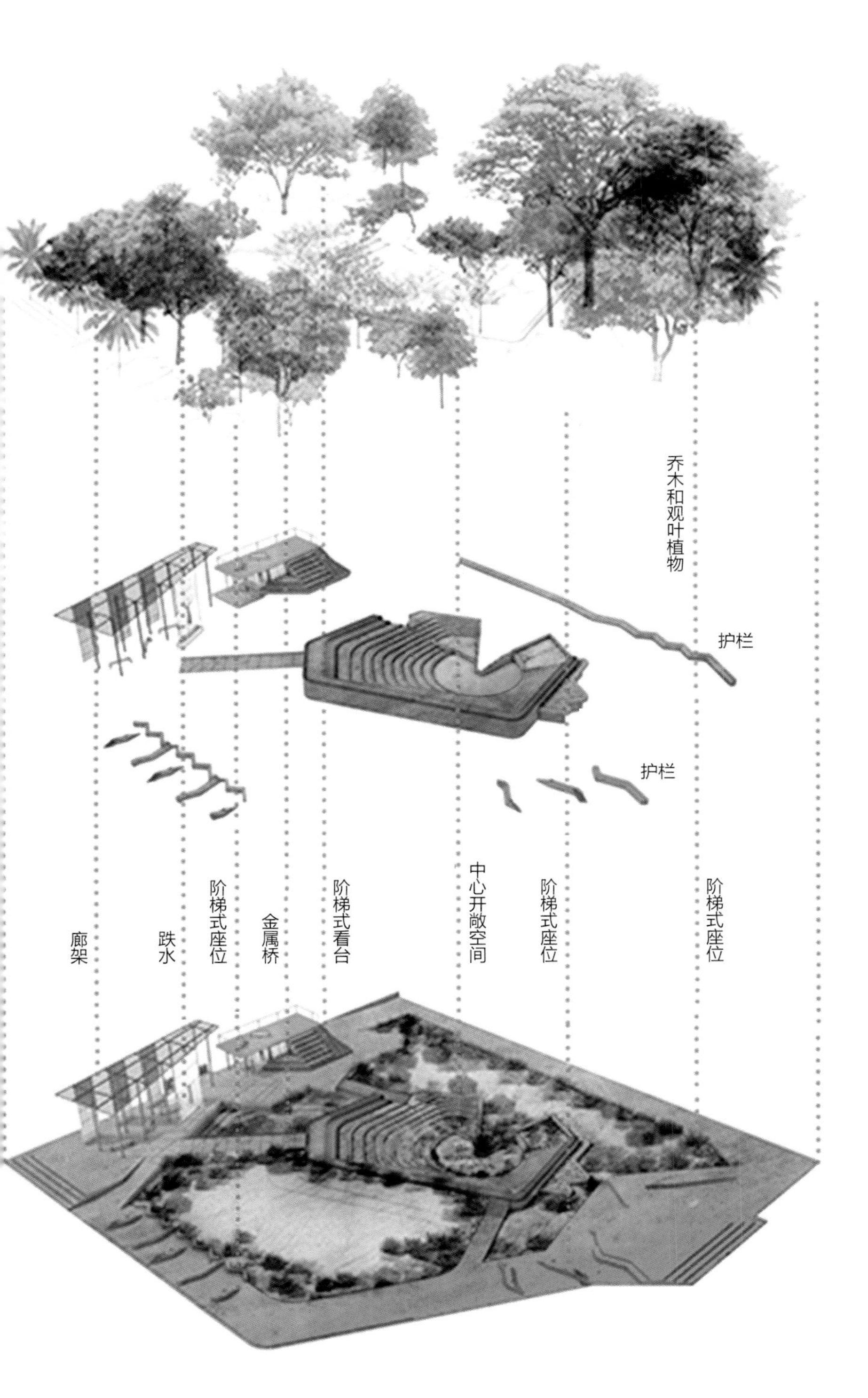

图4-41 达卡大学景观广场设计分析图（二）

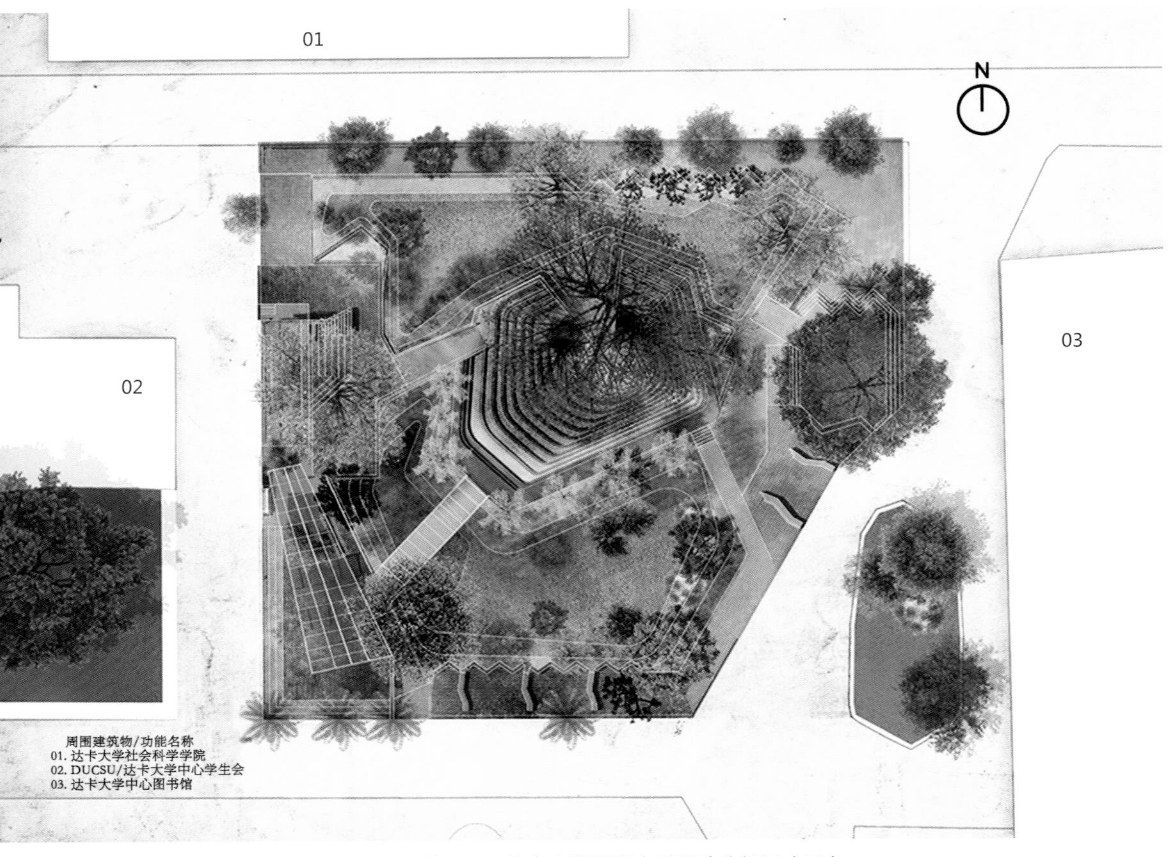

图4-42　达卡大学景观广场设计分析图（三）

4.4 复合景观与雨洪管理设计

4.4.1 复合景观设计思路

在城市广场景观设计中，单一类型的低影响开发措施或景观类型难以形成完善的海绵系统。设计人员需要从整体上考虑低影响开发措施与周边环境的关系，运用复合化景观设计手法，合理配置水体、建筑、道路、地形、景石等景观设计要素，形成多类型的雨洪管理设施，实现雨洪管理目标，创造出健康、协调的景观环境，提升城市广场的整体品质。

城市广场的功能趋于综合多样性。以现代城市广场为载体解决城市公共空间环境问题、凸显城市景观生态价值的理念也被普遍认可。城市广场规划设计要不断创新理念方法，合理运用多类型景观要素，完善广场不同功能分区的作用，突出体现广场的生态价值。

4.4.2 复合景观要素

1. 水体

城市广场中的景观水体可分为净化类和汇集类两类。净化类水体设计的关键是在水体管网的进出水口和两管网间的连接处设置雨水花园或人工湿地，这是海绵系统中的源头治理和中端防治措施，通过植物和土层的综合作用，以可持续的方式对径流进行充分滞留、过滤和净化。汇集类水体设计是指在径流汇集的低洼地区设置低影响开发措施，如湖泊、湿地等，这属于海绵系统中的末端治理，驳岸以自然缓坡为主，扩大雨水截留量，减轻城市管网压力。驳岸的植被可减缓径流速度，并为广场中休憩的市民提供很好的亲水环境，在生态保护与市民游憩之间实现平衡。

从雨水资源化利用的角度，广场水景可分为静态水景和动态水景两类。城市广场中的静态水景主要是生态水池，可以在此种植水生植物，如芦苇、莲花、荷花等，用以观赏。如在一些住宅区景观中，居住区中心广场被建设为集礼宾、社交、游乐等多种功能于一体的雨水花园。设计人员充分利用当地材料，打造梯田式的静态雨水景观，为社区居民提供了造价低、维护成本低的舒适的空间。动态水景（如城市广场上的互动喷泉）有利于提升城市活力，同时通过水声捕捉游人视线进而增强空间吸引力，增加人与空间的互动性，在一定程度上也能够改善城市广场的温度与湿度环境。

2. 植物

低影响开发措施中的植物不仅能够发挥生态作用，与雨水湿地、植草沟、透水铺装等配合实现雨水径流的滞留和净化处理，而且优秀的植物造景具有美观性，可给使用者带来美的视觉体验，突出城市广场的生态价值。因此，合理且美观的植物配置是低影响开发措施规划设计的重要环节，植物与低影响开发措施的有机结合也是决定海绵设施功能的重要因素。

海绵广场的植物造景需要充分考虑植物与不同环境要素之间的统筹设计与协调配合。常用的植物包含乔木、灌木、草本植物、藤本植物等植物类型。在进行植物配置时，设计人员应首先考虑环境因素，如降雨量、土壤渗透性及盐碱度、温湿度等，并按照环境对植物性能的要求合理选择植物品种和配置植物景观类型。使用寿命较长、抗逆性较强的多年生物种，可以进一步促进雨水净化、径流下渗。通过合理的人工配置，在广场构建乔、灌、草多层次复合结构，实现不同季相的景观变化，在提升观赏价值的同时，也能提高低影响开发措施的稳定性，降低其建设成本和管理维护成本。

3. 建筑

部分城市广场的边界由周边建筑界定，广场也多存在小型景观建筑，可利用绿色屋顶、植草沟等绿色基础设施形成完整的排水路径。雨水径流从绿色屋顶到雨水花园，再到植草沟，最后流入调蓄设施，不仅能够有效缓解城市广场的雨洪压力，而且在产汇流过程中可降低径流中的污染物浓度，改善城市面源污染状况，对实现低影响开发目标具有促进作用。

当建筑的屋顶结构、坡度和载荷符合相关要求时，可以设计绿色屋顶。绿色屋顶有轻质土层、防根系穿透层、防水层等多层保护结构，可在表面种植多类型植物，吸收多余雨水径流，通过植物根系净化、过滤雨水，将雨水收集到蓄水模块中以实现再利用。

多样化的植物配置可以缓解热岛效应，增加城市绿化面积，提高绿化率，美化市容。当广场位于建筑周边时，其雨水花园距离建筑的距离应大于 3 m，以防止对建筑产生不良影响。建筑的雨落管可外置，雨水花园可接纳屋面径流，沿场地设置的植草沟可汇集和传输径流。

4. 景观铺装

城市广场中的硬质铺装占比较大，合理选择铺装材料类型，丰富铺装形式，将透水铺装与周边植草沟、雨水花园结合，可提升广场的景观品质与生态价值。广场的透水铺装可以根据不同的功能区域选择不同的材料，比如主要活动区域的透水材料可使用透水性地砖、透水胶粘石等；景观步道上的透水材料可采用瓦片、鹅卵石、嵌草铺装等，它们可以极大地增强景观铺装所在区域的生态性。

在广场不透水区域可以结合实际排水需求，利用低影响开发措施来辅助雨水管控，比如在硬质铺装边界处设置植草沟实现雨水的传输和净化，将广场上的地表径流引导至雨水花园、景观湿地等措施中进行蓄滞和净化处理。此外，将透水铺装引入低影响开发措施中，不仅可以营造出富有自然野趣和变化的景观效果，而且可以增加游客与雨水景观的互动体验，体现海绵广场的科普教育意义。例如，将石板作为汀步用于植物景观的人行通道中可增加景观趣味性；在下凹绿地、雨水花园、生物滞留措施中，使碎石与植物结合形成可步入式的海绵景观，促进人景互动。

4.4.3 案例解析

1. 珠海金湾航空城产业服务中心

珠海金湾航空城产业服务中心是该片区重要的公共服务平台、产业孵化平台，也是未来金湾的经济、社会、文化中心。为助力航空城完善设施和功能提升，重塑城市新形象，华发集团联合阿普贝思，对产业服务中心进行了景观海绵一体化建设。该项目西临金山湖，东临迎河东路，周边主要为商业办公及住宅用地，总体风貌既与区域规划定位和周边环境相协调，又具有个性。景观设计根据建筑规划，整体采用天鹅座形态的“十字星”布局，交叉汇聚的流线体现了“融·汇”的景观主题。

设计强调景观与自然、建筑、使用者的对话和互动。软景种植串联水域，调和了城市与自然的关系；契合建筑的布局和铺装，使整体环境更加和谐。安全舒适、积极活跃的户外空间，将来来往往的使用者会聚在一起。阿普贝思将场地功能、艺术美感与生态可持续的理念相融合，打造出低碳可持续的园区景观。建成的服务中心在降低运营成本的同时，还能为使用者提供亲近自然并有归属感的办公环境，同时可吸引高端企业入驻，为航空城的生态与经济发展贡献力量。

产业服务中心实景见图 4-43 ～图 4-47，雨洪管理设施布局见图 4-48。

图4–43 珠海金湾航空城产业服务中心中心庭院俯拍
（来源：阿普贝思）

图4-44 珠海金湾航空城产业服务中心入口广场鸟瞰
（来源：阿普贝思）

图4-45 珠海金湾航空城产业服务中心实景（三）
（来源：阿普贝思）

图4–46 珠海金湾航空城产业服务中心实景（四）（组图）
（来源：阿普贝思）

图4-47 珠海金湾航空城产业服务中心实景（五）（组图）
（来源：阿普贝思）

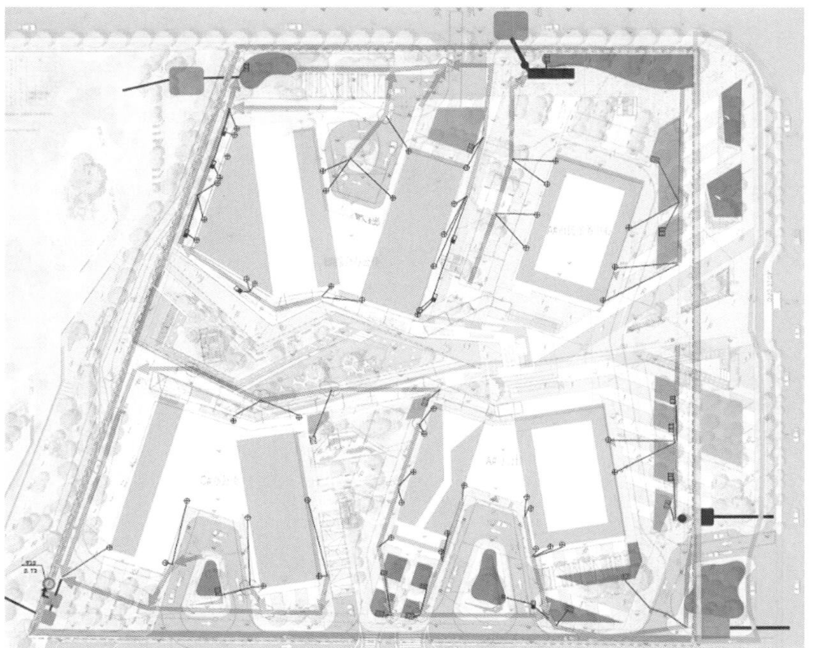

N

图 例

污水井
雨落管
溢流管
绿地雨水口
建筑雨水口
雨水管网
雨水出口
雨水池
沉淀池

图 4-48 珠海金湾航空城产业服务中心雨洪管理设施布局（组图）
（来源：阿普贝思）

2. 荷兰新拉德休斯广场

新拉德休斯广场位于荷兰德伦特省埃门市中心的商业区，面积约为 26 400 ㎡。在过去，广场主要作为停车场使用，改造重建后，其成为当地最大的公共活动广场之一，广场全景手绘图如图 4-49 所示。新拉德休斯广场通过运用石板铺装、景观植物、水景、连续的日光浴台和照明灯等多种景观设计手法，为人们提供了充满活力的城市公共空间，并有效提升了广场的生态价值。广场实景如图 4-50 ～图 4-52 所示。

广场大面积采用渗透性较好的铺装，绿化区域边缘铺上了碎石子，使雨水更容易下渗。广场水景北面种植了兼具观赏性与净化性的水生植物，雨水径流在此处被收集，经过滤、净化后送入集水箱，进而成为广场水景用水。广场中较低的景观层则由多种观赏类灌木组成，

图4–49 荷兰新拉德休斯广场全景手绘图

图4–50 荷兰新拉德休斯广场实景（一）（组图）

图4-51 荷兰新拉德休斯广场实景（二）（组图）

图4-52 荷兰新拉德休斯广场实景（三）（组图）

灌木周围设有大型花坛，草地四周围有常绿绿篱，不同花期的花卉为广场提供了丰富的色彩。设计人员将广场的硬质景观和软质景观相结合，使雨洪管理设施与休闲活动设施有效交融，场地景观与周边建筑有机衔接，创造了一个全新的复合式城市广场空间。广场所带来的社会聚集效应同样显著，广场周边的咖啡厅、零售店、剧院等有效提升了广场所在区域的社会活力。

3. 华盛顿 54 广场

54 广场一侧与乔治华盛顿大学相邻，一侧与城市主干道相连。广场的雨洪管理系统为市民、办公人员提供了宜人的活动空间与可视化的雨水景观。

广场中心水景占据了相当大的面积，是海绵雨洪管理系统的主体部分。在此处被收集的雨水经过具有吸附能力的水生植物过滤，再通过雨洪管理措施的净化装置被输送至庭院地下 5 层停车库中的集水箱。被收集的雨水可作为整个广场的绿化植物用水。广场周围的建筑屋顶被设计为屋顶花园。屋顶花园增大了绿化覆盖面积，对调节广场的微气候有重要作用。屋顶多余的雨水径流先经过绿色屋顶过滤后，再排入地面上的水景池中，减少污染物的同时可保证水景的美观效果。城市中的雨污管理系统并不十分完备，城市低洼处在降雨后经常被淹，易造成附近水体污染。而 54 广场不仅可以对自身产生的雨水径流加以收集、净化并利用，也可以在一定程度上缓解周边城市空间的内涝现象。华盛顿 54 广场效果如图 4-53 所示，实景如图 4-54 ～图 4-57 所示。

图4-53 华盛顿54广场效果图

图4–54 华盛顿54广场实景（一）（组图）

图4-55 华盛顿54广场实景（二）（组图）

图4–56 华盛顿54广场实景（三）（组图）

图4-57 华盛顿54广场实景（四）（组图）

第 5 章　海绵城市广场案例分析

——以辽宁海城市政府广场为例

5.1 城市概况

5.1.1 地理分析

1. 城市区位

海城市位于辽宁省南部，辽东半岛北端，辽河下游左岸，北靠辽宁中部城市群，南临港口城市营口、大连，东依千山山脉，西与油田新城盘锦隔河相望。海城历史悠久，是辽宁省的古城之一。

2. 气候特征

海城市南临渤海，属暖温带季风气候区，春暖秋爽，夏热冬寒；春季偏旱，少雨多风，蒸发量大；夏季多东南风，气候炎热，湿润多雨；秋季短，降温快，气候凉爽；冬季冷，降雪少，由于西北蒙古高原冷空气侵袭，有短时间严寒天气。

3. 地形地貌

海城市地貌复杂，有山地、丘陵、平原、洼地，东南高、西北低，整体地势由东南向西北倾斜。东部山区及丘陵地带绝大部分海拔高度在 60 ～ 500 m 之间，城区东部有双龙山、玉皇山、厝石山。西部平原从海拔 60 m 呈缓坡逐渐下倾至浑河、太子河平原。西部平原由海城河、五道河冲积而成，山麓与平原的过渡地带多丘陵漫冈。

5.1.2 雨水条件基础分析

1. 降水的时空分布

海城市近 30 年（1987—2016 年）月平均降水量如图 5-1 所示。

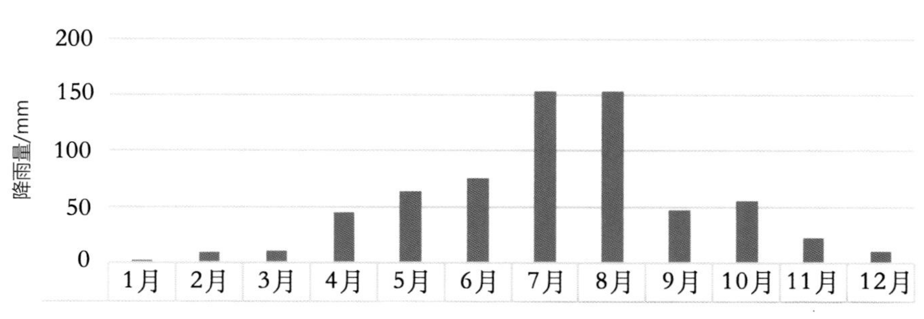

图5-1 海城市近30年（1987—2016年）月平均降水统计

2. 年径流总量控制率与设计降雨量

本研究对降雨资料进行分析，论证海城市不同降雨总量控制率对应的降雨量，形成年降雨控制强度曲线，如图 5-2 所示。

参照《海绵城市建设技术指南——低影响开发雨水系统构建（试行）》中对我国 5 个径流总量控制目标分区，海城市属Ⅳ区，其年径流总量控制率 α 取值范围为 70% ≤ α ≤ 85%。综合考虑自然环境和城市定位、规划理念、经济发展等多方面条件，及海城市年径流总量控制率现状、综合径流系数现状与目标可达性，取年径流总量控制率为 76%，对应设计降雨量为 23.5 mm。

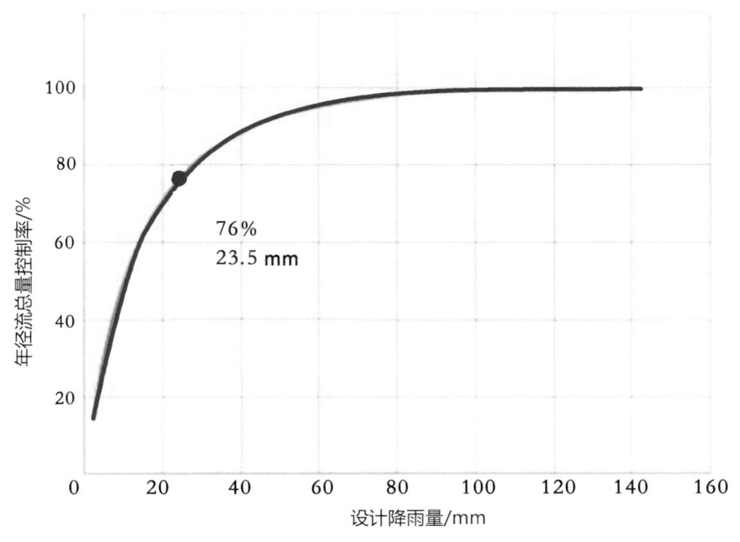

图5-2 年降雨控制强度曲线

3. 暴雨强度公式

海城市气候温和，年平均气温 10.4 ℃；四季分明，雨量充沛。中心城区多年平均年降雨量为 620.67 mm，最大年降雨量为 1 033.4 mm，最小年降雨量为 405.5 mm；干湿季节明显，湿季（5 月—9 月）降雨量约占全年降雨量的 76%，干季（10 月—次年 4 月）降雨量约占 24%。暴雨主要集中在 7 月—8 月，两个月平均降雨总量占全年平均降雨量的 49.4%。

海城市总体规划一直沿用鞍山市暴雨强度公式。该公式为沈阳市市政工程设计研究院根据 1957—1979 年的降雨资料，采用数理统计法编制的，见式 5-1。

$$q=\frac{2\ 036(1+0.701\ \lg p)}{(t+11)^{0.707}} \tag{5-1}$$

式中：q ——设计降雨强度；

p ——设计重现期；

t ——设计降雨历时。

4. 设计雨型

目前，我国绝大多数城市还没有建立自己的雨型，多采用芝加哥雨型进行研究。本项目根据城市雨量资料，采集雨峰位置系数为 0.4，雨峰位置系数取值为降雨雨峰位置除以降雨总历时，利用芝加哥雨型，本研究拟合了降雨历时为 2 h 的短时强降雨型。不同重现期下瞬时降雨强度如图 5-3 所示。

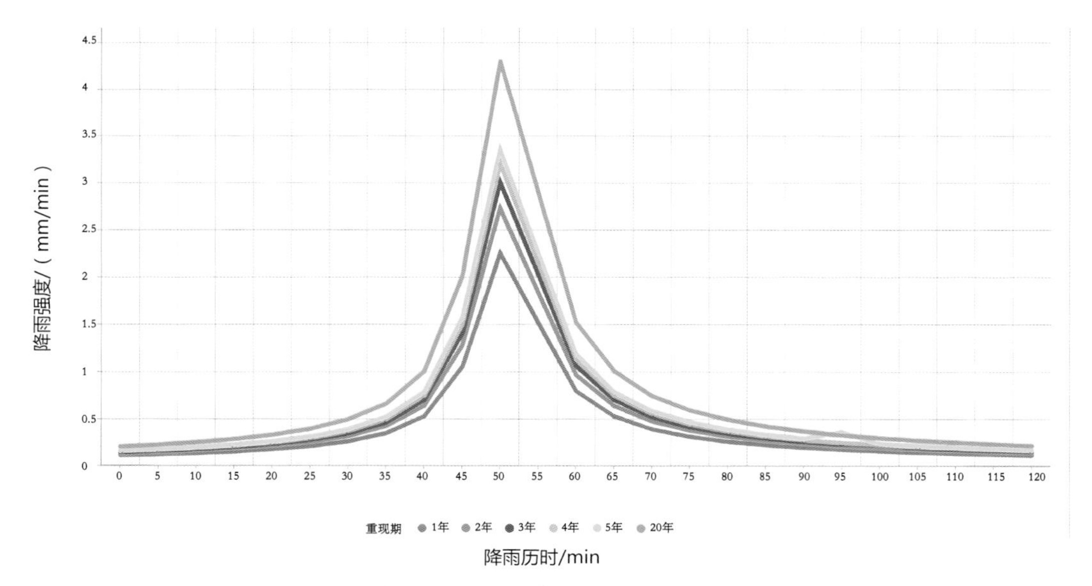

图5-3 不同重现期下瞬时降雨强度

5. 雨水水质及初期雨水污染

海城地区雨水水质较好，适宜收集利用。径流雨水含污染物浓度随着降雨历时延长而降低，屋面径流 COD 范围为 30 ～ 100 mg/L，SS 浓度范围为 20 ～ 200 mg/L，TN 浓度值一般为 2 ～ 10 mg/L。

居住区内道路初期径流水质主要污染物浓度范围如下：COD 为 120 ～ 2 000 mg/L，SS 浓度为 200 ～ 5 000 mg/L，TN 浓度为 5 ～ 15 mg/L。后期径流水质主要污染物浓度范围如下：COD 为 60 ～ 200 mg/L，SS 浓度为 50 ～ 200 mg/L，TN 浓度为 2 ～ 10 mg/L。

机动车道初期径流主要污染物浓度范围如下：COD 为 250 ～ 9 000 mg/L，SS 浓度为 500 ～ 25 000 mg/L，TN 浓度为 20 ～ 125 mg/L。后期雨水径流污染物浓度逐渐降低，并趋于一个相对稳定的范围值，但由于道路车流量的影响，后期径流的污染物浓度也会有所变化。后期径流中主要污染物浓度范围如下：COD 为 50 ～ 900 mg/L，SS 浓度为 50 ～ 1 000 mg/L，TN 浓度为 5 ～ 20 mg/L。

绿地径流水质较好，主要污染物浓度如下：平均 COD 为 30 mg/L，SS 平均浓度值为 100 mg/L，TN 平均浓度值为 5 mg/L。

从雨水水质检测结果可以看出，海城市雨水可被收集利用。

5.1.3 海城市海绵建设规划的强制性指标与引导性指标

海城市海绵城市建设管控分区方案结合规划区地形图、排水（雨水）防涝综合规划以及路网结构等资料，将规划区划分为 5 个海绵城市建设管控分区，面积从 3.16 km^2 到 16.08 km^2 不等（市政广场位于分区 3）。规划区年径流总量控制率为 76%，对应年降雨量为 23.5 mm。管控分区示意如图 5-4 所示。

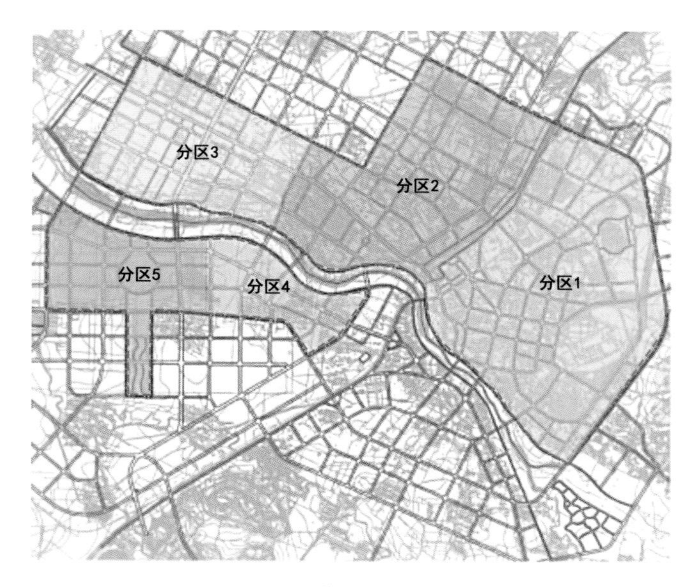

图5-4 管控分区示意

水生态方面，本项目采用以渗、蓄、滞、净为主的低影响开发措施。水生态岸线改造率达到

90%。新建和改造下凹绿地面积 110.85 万 m^2、透水铺装面积 55.43 万 m^2、生物滞留措施面积 99.77 万 m^2。

水资源方面的强制性指标：雨水资源利用率达到 10%。

以分区 3 为例，海城市海绵建设规划的引导性指标如表 5-1 所示，不同类型地块的建设指引如表 5-2 所示。

表5-1 分区3引导性指标

引导性指标项目		指标数值
水生态	下凹绿地面积 /hm^2	52.92
	透水铺装面积 /hm^2	88.2
	生物滞留措施面积 /hm^2	17.64
水安全	雨水规划管道长度 /m	30 284
	河道治理长度 /m	0
	内涝点个数 / 个	3
水环境	COD 削减量 /t	3 309.66
	SS 削减量 /t	252.10
	TP 削减量 /t	3 092.11
	NH_3-N 削减量 /t	33.76
水资源	雨水利用量 /（万 m^3/a）	71.25

表5-2 分区3 不同类型地块的建设指引

不同类型地块	居住用地	公共管理及商业用地	绿地
透水铺装率 /%	30~50	30~50	10~20
下凹绿地率 /%	30~50	50~60	55~75
生物滞留措施率 /%	30~40	30~40	15~35

5.2 概念方案

5.2.1 方案初期设计

1. 区位分析

海城市政府广场基地区位情况如图 5-5 所示，鸟瞰效果如图 5-6 所示。其南临澄州湖，北到市政府大楼，淮河路从基地内穿过，总共 11.4 hm^2。西南角是悦湖美郡住宅区，东南角为希望宜城香舍住宅区。广场相关功能建筑包括西南角的海城市广播电台、东南角的海城市规划展馆、西北角的市人民法院、东北角的市人民检察院。

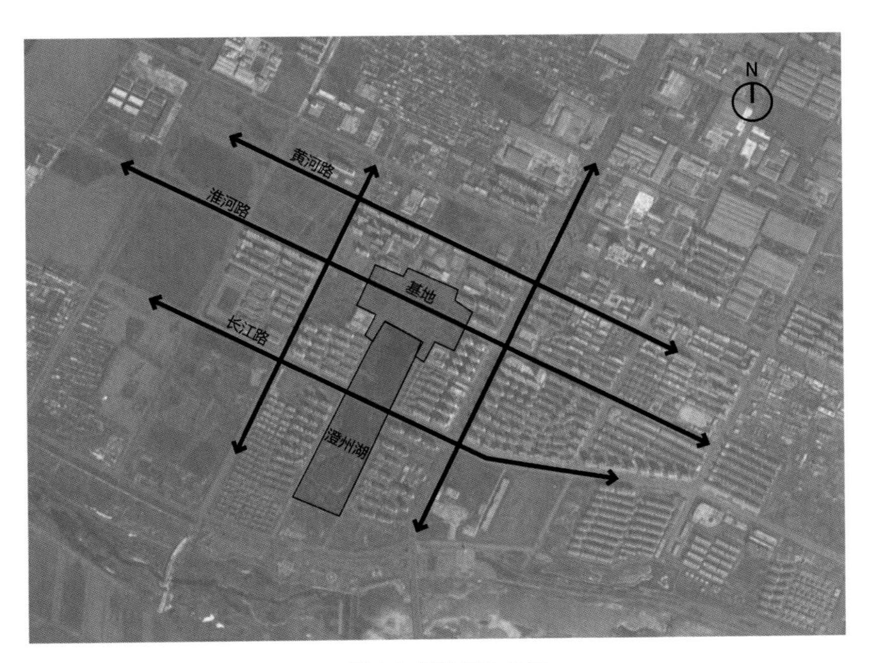

图5-5 基地区位分析

图5-6 海城市政府广场鸟瞰效果

2. 下垫面现状

海城市政府广场现状下垫面硬质率约为80%，地面硬化程度较高，且均为不透水铺装。广场及其周边的下垫面类型包括硬质铺装、道路、建筑屋面、停车场和绿地。广场内的绿化区域高于地面，排水主要依赖于分布在广场中的排水设施，且当前城市市政管网并未实现雨污分流。

3. 设计概念

海城市政府广场初期方案设计主要考虑景观功能布局与景观节点塑造，提出了“尊重场地现状、挖掘历史人文、强调生态持续、创造宜人景观、凸显景观形象”的设计愿景。广场景观规划设计着重将“以人为本”的理念融入景观建设中，通过“两轴串五节点”的景观结构将广场的功能发挥到最大，让市民感受到广场的舒适性与宜人性。考虑到海城市政府广场不同功能区域之间服务和管理的协同，设计人员按照不同分区节点的功能设定重点，塑造景观特质空间。

广场景观空间作为市民日常活动的重要场所，应该满足市民交往、日常活动、休闲健身等多类型需求。海城市政府广场的设计强调景观的主体是市民，因此从设计之初就从使用者的角度出发，考虑到不同年龄段人群的行为习惯和尺度特征，解决广场周边建筑与景观之间的联系及尺度问题，规划必要的休憩和交流场所，突出景观的安全性与舒适性。

设计人员在海城市政府广场景观规划设计之初就明确了“生态优先、尊重自然”的理念，因地制宜地进行景观功能布局。设计人员在方案设计初期并未设置低影响开发措施，而是依据方案设计绿地来消纳雨水，并构建SWMM模型进行雨水模拟，依据模型模拟结果在后期设计步骤中利用低影响开发措施进行雨水调蓄；通过对场地环境进行大量调研与分析，如对气温、降水、日照等情况进行分析，并明确场地与周边地块相互协调的策略，合理解决了广场的雨水径流与排水问题，建立了完整的雨水管控体系，构建了海绵型城市广场的生态框架与实施途径。

海城市政府广场平面如图5-7所示，景观结构分析如图5-8所示。

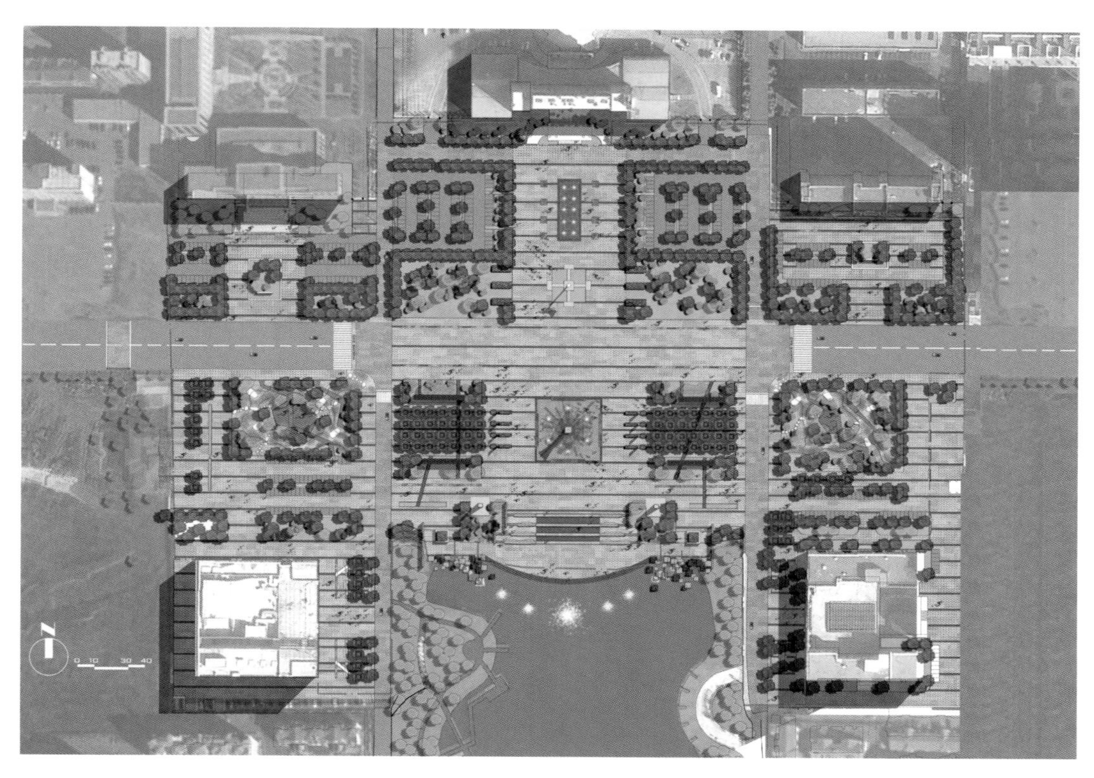

图5-7 海城市政府广场平面

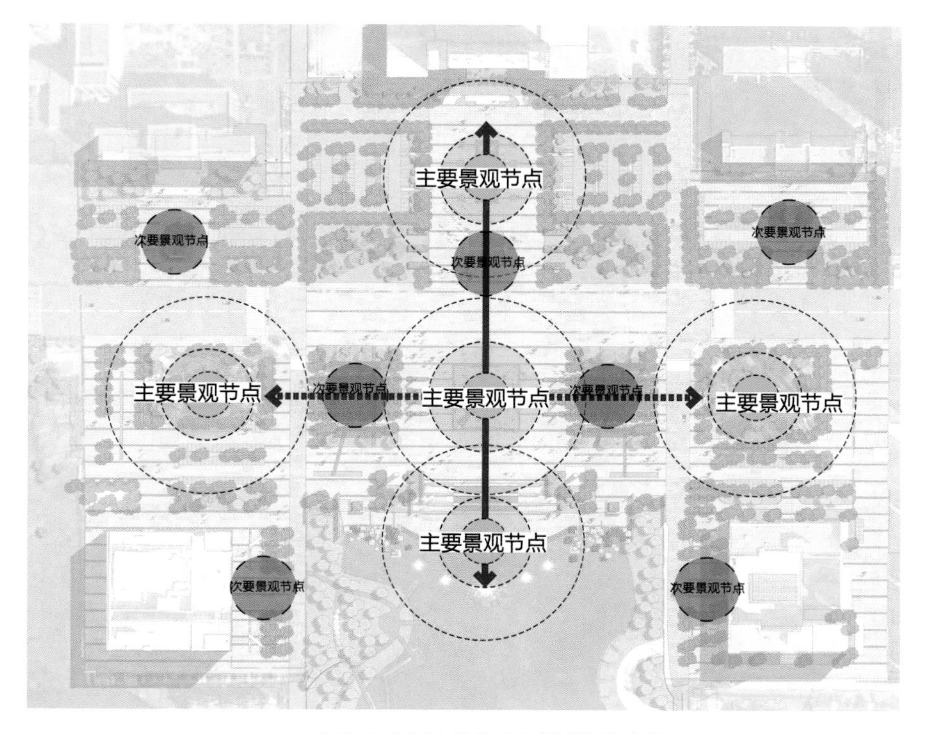

图5-8 海城市政府广场景观结构分析

5.2.2 调蓄容积计算

本项目以径流总量控制为目标，采用容积法进行计算，控制地块内各低影响开发措施的设计调蓄容积之和（总调蓄容积），使其不低于该地块“雨水径流控制容积”的要求，计算公式为

$$V \geqslant 10H\varphi F \tag{5-2}$$

式中：V——设计调蓄容积，m^3；

H——设计降雨量，mm；

φ——径流系数，包含多种下垫面类型的径流系数参照表5-3进行面积加权平均计算；

F——汇水面积，hm^2。

本项目总用地面积约 11.4 hm^2，设计目标为年径流总量控制率达到 76%，对应的设计降雨量为 23.5 mm。根据调蓄容积公式计算得到场地调蓄容积为 1 913.52 m^3，该容积即系统为满足 76% 年径流总量控制率还需蓄滞的水量。项目设计调蓄容积计算见表 5-4。按照下垫面类型分类的设计调蓄容积计算见表 5-5。

表5-3 海城市政府广场项目综合雨量径流系数表

下垫面类型	编号	面积 /m^2	径流系数
		F	φ
硬质铺装	1	91 345	0.85
绿化区域	2	22 355	0.15
水体	3	430	1.0
合计	—	114 130	0.71

注：综合径流系数 =（$F1 \times \varphi1+F2 \times \varphi2+F3 \times \varphi3$）/($F1+F2+F3$)=0.71。

表5-4 项目设计调蓄容积计算表

总面积 /hm^2	径流系数	年径流总量控制率 /%	设计降雨量 /mm	设计调蓄容积 /m^3
11.4	0.71	76	23.5	1 913.52

表5–5 不同下垫面调蓄容积计算

下垫面类型	面积 /m^2	径流系数	设计降雨量 /mm	设计调蓄容积 /m^3
硬质铺装	91 345	0.85	23.5	1 824.62
绿化	22 355	0.15		78.8
水体	430	1.0		10.1

5.3 广场景观方案雨洪优化设计

海城市政府广场方案雨洪优化设计基于低影响开发生态设计理念，采取海绵广场系统设计方法，通过提升广场透水铺装率、增设生物滞留设施、添加雨水滞留池以及下凹绿地等多项低影响开发措施，将场地内的雨水收集到多类型生态设施中，提升对雨水的渗蓄、净化等作用效果。

1.LID 设施总体布局

目前较为常见的 LID 设施类型主要包括绿色屋顶、雨水桶、生物滞留池、下凹绿地植被浅沟和透水铺装等。通过计算各类下垫面的设计调蓄容积，得知方案中较大面积不透水铺装的影响，产生较多的雨水径流，因而本项目低影响开发设施总体布局如图 5-9 所示。

图5-9 低影响开发设施总体布局

本项目在优化方案地形的基础上，通过平面布局调整、地形控制等手段，使硬质汇水区域与广场绿地有效衔接，高效蓄滞雨水，尽量满足周边雨水汇入绿地进行调蓄的要求，见图 5-10 ～图 5-12。通过引入 LID 设施，道路及绿地雨水径流流入周边下凹式绿地或雨水花园中得到管控。

2.LID 设施的功能

1）生物滞留设施

生物滞留设施是指在地势较低的区域，通过植物、土壤和微生物系统蓄渗、净化径流雨水的设施。在 SWMM 模型中，生物滞留设施可以借助 LID 模块进行表达，并概化为 4 层结构，分别为表面层、土壤层、蓄水层和暗渠层。本项目通过合理配置蓄水深度、表面坡度、粗糙系数、土壤厚度、孔隙率等参数，构建符合场地特质的生物滞留设施。

2）透水铺装

透水铺装按照面层材料差异可分为透水砖、透水混凝土铺装、嵌草砖、鹅卵石铺装等。SWMM 模型中的透水铺装模块由表面层、路面层、蓄水层和暗渠层 4 层结构组成，可通过设置铺装厚度、孔隙比、表面坡度、粗糙系数等参数构建低影响开发措施。一般而言，透水面砖的有效孔隙率应不小于 8%；透水平层有效孔隙率应不小于面层的，厚度宜为 20 ～ 50 mm。

3）下凹绿地

下凹绿地多指低于周边地面的绿地。下凹绿地的下凹深度应根据植物耐淹性能和土壤渗透性能确定，一般为 100 ～ 200 mm。下凹绿地内一般应设置溢流口（如雨水口），保证暴雨时径流的溢流排放，溢流口顶部标高根据下凹深度确定。SWMM 模型中的下凹绿地模块可通过设置表面层的蓄水深度、植被覆盖、表面粗糙系数、表面坡度等参数构建。

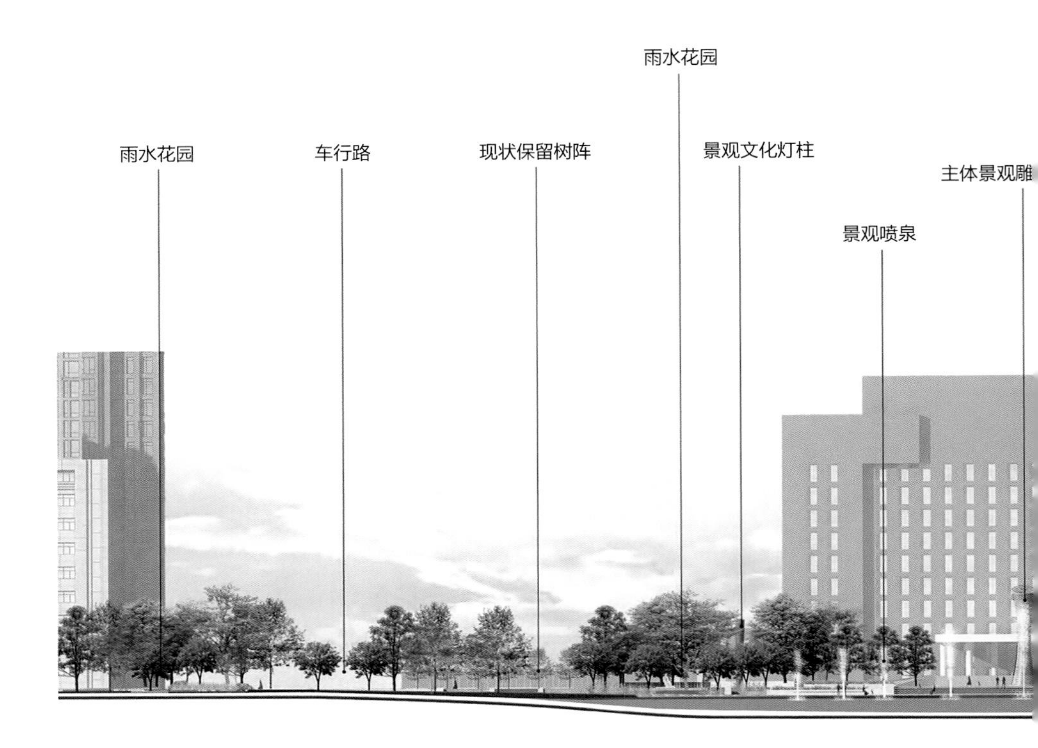
雨水花园
车行路
现状保留树阵
雨水花园
景观文化灯柱
主体景观雕
景观喷泉

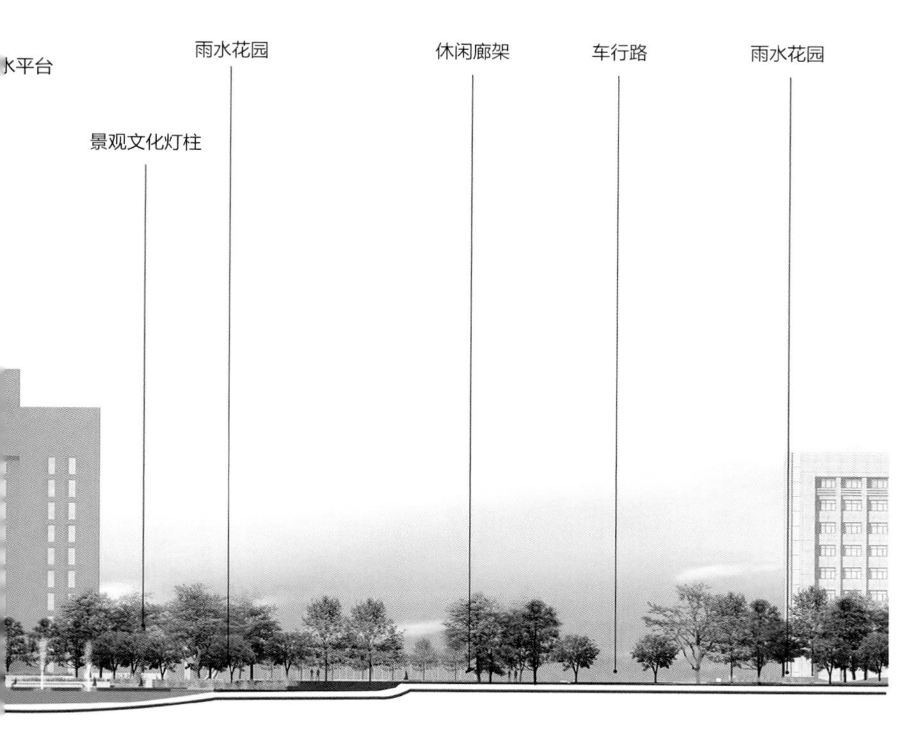

图5-10 海城市政府广场南立面

图5-11 中心广场效果（组图）

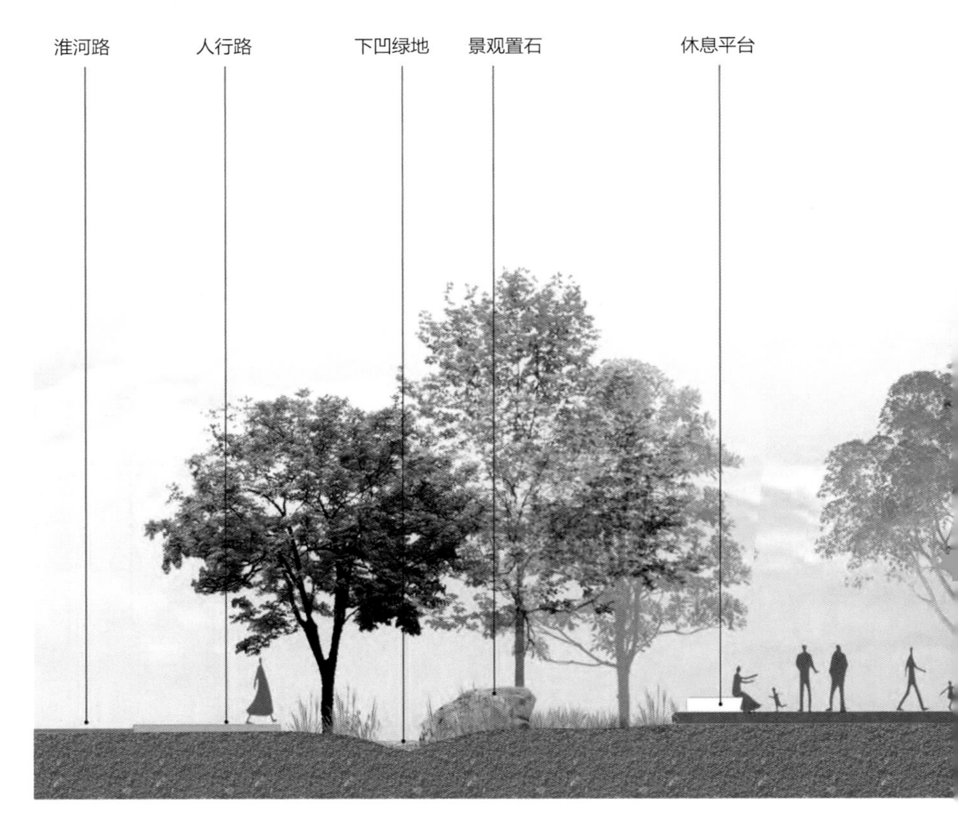
淮河路
人行路
下凹绿地
景观置石
休息平台

图5-12 雨水花园剖面图

5.4 基于 SWMM 模拟的场地雨洪管理策略

本节利用 SWMM 模型对场地的雨洪情境进行概化模拟，实现对场地径流峰值和径流污染的定量化调控。通过对未添加低影响开发设施情境下的雨水利用模式与源头控制 + 末端调蓄的海绵管控模式的场地设计方案进行比较分析，反复校验最终得出适合场地雨洪调蓄需求的广场景观设计优化方案。

1. 模型构建

海城市政府广场的下垫面主要由草地、铺装、屋面、景观水体等不同用地类型组成，各用地类型的渗透性能、坡度等参数均不相同。对研究区域进行 SWMM 模型的构建，步骤主要包含下垫面参数信息（坡度、不渗透百分比、特征宽度等）提取、子汇水区划分以及市政管网概化。

2. 情境设计

情境 I：基于广场景观设计方案，设定硬质铺装为不透水，地表径流直接就近排入管道。

情境 II：在现有广场景观设计方案的基础上，通过高程设计，使雨水先进入邻近的绿地，满流后再进入管道。

情境III：根据广场雨洪管理的低影响开发设施总体布局，在 SWMM 模型中引入相应的 LID 设施。

结合国内外已有研究成果及 SWMM 用户手册，各 LID 设施的参数设置如表 5-6 所示。

3.3 组情境对比及优化后方案评价

3 组情境 SWMM 雨洪管理模拟中关键参数对比见表 5-7。

将降雨时间设置为 2 h，海城市政府广场年径流总量控制目标是 76%，对应的设计降雨量为 23.5 mm，根据 5.1.2 节的分析结果将相关数据输入 SWMM 雨量计属性中，对 SWMM 中 3 组情境模拟的结果进行对比分析。随着降雨强度不断增大，地表径流也随之增加，雨水系统所需要承受的排水压力也逐渐增大。情境 I 场地峰值径流出现在降雨开始后 110 min，

表5-6 各LID设施参数

指标		生态滞留网格	透水铺装	草洼
表面	蓄水深度 /mm	100	0	200
	植被覆盖率 /%	0.3	0	0.4
	表面粗糙系数	0.1	0.15	0.1
	洼地坡度 /%	30	10	30
	洼地边坡系数	—	—	5
土壤 / 路面	厚度 /mm	520	125	—
	孔隙率	0.5	0.18	—
	产水能力	0.2	—	—
	枯萎点	0.1	—	—
	导水率	0.45	—	—
	导水坡度 /%	10	—	—
	不渗透表面系数	—	0	—
	吸水头	3.5	—	—
蓄水层	厚度 /mm	200	350	—
	孔隙比	0.85	0.437	—
	渗透率 /（mm/h）	0.25	250	—
	堵塞因子	0	0	—
暗渠	排水系数	0	0	—
	排水指数	0.5	0.5	—
	暗渠偏移高度 /m	0	0	—

表5-7 3组情境SWMM雨洪管理模拟中关键参数对比

情景	总降雨量 / mm	地表径流总量 / mm	峰现时间 /min	峰值流量 / (m^3/s)	排放口峰值 / (L/s)	系统排放总量 /×10^6 L
情景Ⅰ（雨水进管道）	23.5	14.290	110	0.31	0.77	1.266
情景Ⅱ（雨水进绿地）	23.5	5.589	110	424.345	340.46	0.596
情景Ⅲ（加 LID 设施）	23.5	0.144	—	—	0.003	0.015

峰值时刻各子汇水面积地表径流分布见图 5-13，峰值流量为 0.31 m^3/s，地表径流总量为 14.290 mm，系统排放总量为 1.266×10^6 L；情境Ⅱ场地峰值径流同样出现在降雨开始后 110 min，峰值时刻各子汇水面积地表径流分布见图 5-14，峰值流量为 424.345 m^3/s，地表径流总量为 5.589 mm，系统排放总量为 0.596×10^6 L；情境Ⅲ系统并未出现峰值，系统排放总量为 0.015×10^6 L，降雨开始后 110 min 各子汇水面积地表径流分布见图 5-15。研究区域加入 LID 设施后，区域内的地表径流总量显著减小，且无明显径流峰值出现，表明方案增设 LID 设施后对场地雨水发挥了重要的蓄滞作用。

1）场地径流总量

优化后的方案中，较大面积绿地增设草洼、雨水桶、植草沟，场地雨水流向下凹绿地、植草沟等 LID 设施中。设计优化后的模型系统排水量为 0.015×10^6 L，优化后场地对雨水的蓄滞效果得到显著提升，甚至满足海城市海绵城市建设对年径流总量控制率的要求。

2）峰值

海绵城市建设前研究区域排放口径流峰值为 0.77 L/s、344.46 L/s，建设后径流峰值为 0.003 L/s；海绵城市建设前径流峰值时刻出现在降雨事件开始后，建设后则无明显峰值

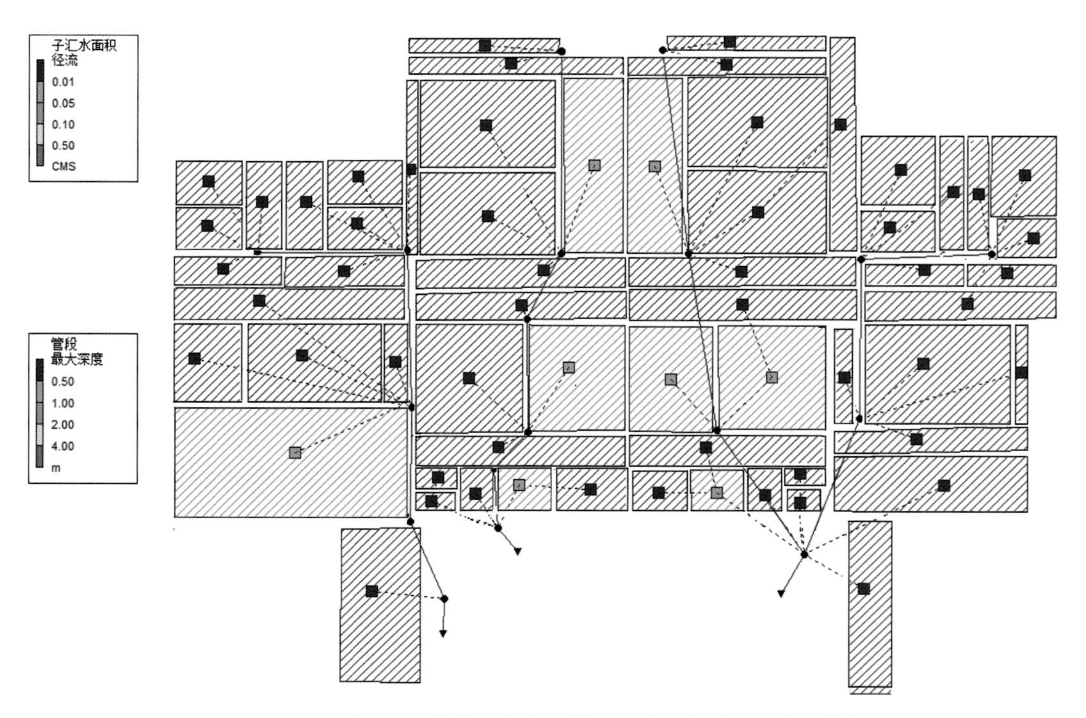

图5-13 情境Ⅰ 峰值时刻下各子汇水面积地表径流分布

参考文献

REFERENCE

[1] 苗展堂 . 微循环理念下的城市雨水生态系统规划方法研究 [D]. 天津 : 天津大学 , 2013.

[2] 杜玉柱 . 吕梁市城市雨水利用研究 [D]. 咸阳 : 西北农林科技大学 , 2007.

[3] 丁竹英 , 陈瀛洲 , 胡陈静 . 中国水资源短缺程度及缺水类型研究 [J]. 特区经济 , 2018(9): 47-50.

[4] 孙金华 , 王思如 , 朱乾德 , 等 . 水问题及其治理模式的发展与启示 [J]. 水科学进展 , 2018, 29(5): 607-613.

[5] 王炜 . 中国水资源利用现状与水污染治理对策研究 [J]. 山东工业技术 , 2018(20): 42.

[6] 张兆方 , 沈菊琴 , 何伟军 , 等 . “一带一路” 中国区域水资源利用效率评价 : 基于超效率 DEA-Malmquist-Tobit 方法 [J]. 河海大学学报 (哲学社会科学版), 2018, 20(4): 60-66, 92-93.

[7] 金昌盛 , 邓仁健 , 刘俞希 , 等 . 长江经济带水资源生态足迹时空分析及预测 [J]. 水资源与水工程学报 , 2018, 29(4): 59-66.

[8] 陈龙 , 方兰 . 水资源需求管理与水资源软路径对比研究 [J]. 中国水利 , 2018(15): 24-27.

[9] 陈龙 , 王超亚 . 生态文明视域下我国水资源管理的路径选择 [J]. 水利发展研究 , 2018(8): 17-21.

[10] 孟涛 . 论我国水资源私法保护的强化与完善 : 以取水权的保护为视角 [J]. 湖北社会科学 , 2018(5): 114-121.

[11] 王恬 . 中国水资源战略 [J]. 纳税 , 2018(22): 208.

[12] 阚大学 , 吕连菊 . 中国城镇化对水资源利用的影响 [J]. 城市问题 , 2018(7): 4-12.

[13] 叶晓晶 . 海绵城市的主要技术措施探讨 [J]. 中国战略新兴产业 , 2018(26): 11.

[14] 黄锦 . 基于海绵城市概念的城市排水设计探究 [J]. 科技创新与应用 , 2018(28): 88-89.

[15] 焦胜 , 韩静艳 , 周敏 , 等 . 基于雨洪安全格局的城市低影响开发模式研究 [J]. 地理研究 , 2018, 37(9): 1704-1713.

[16] 宋洋洋 . 风景园林规划中海绵城市理论的应用研究 [J]. 花卉 , 2018(18): 32-33.

[17] 陈晨 . 海绵城市理论在风景园林规划中的应用探究 [J]. 花卉 , 2018(18): 176.

[18] 任俊奇 , 李建军 , 赵俊侠 . 国内外雨水资源利用及其补助制度 [J]. 水土保持学报 , 2000(6): 46-48 .

[19] 李俊奇 , 车伍 . 德国雨水利用技术考察分析 [J]. 城市环境与城市生态 , 2002, 15(1): 47-49.

[20] 张书函 , 丁跃元 , 陈建刚 . 德国雨水收集利用与调控技术 [J]. 北京水利 , 2002(3): 39-41 .

[21] 俞孔坚 . 海绵城市的三大关键策略 : 消纳、减速与适应 [J]. 南方建筑 , 2015(3): 4-7.

[22] 俞孔坚，许涛，李迪华，等．城市水系统弹性研究进展 [J]. 城市规划学刊，2015(1):75-83.

[23] 俞孔坚，李迪华，袁弘，等．“海绵城市”理论与实践 [J]. 城市规划，2015, 39(6): 26-36.

[24] 俞孔坚．水生态基础设施构建关键技术 [J]. 中国水利，2015(22): 1-4.

[25] 车伍，闫攀，赵杨，等．国际现代雨洪管理体系的发展及剖析 [J]. 中国给水排水，2014, 30(18): 45-51.

[26] 车伍，赵杨，李俊奇．海绵城市建设热潮下的冷思考 [J]. 南方建筑，2015(4): 104-108.

[27] 车伍，李俊奇．低影响开发与绿色雨水基础设施的多尺度应用 [J]. 给水排水动态，2011(6): 17-18.

[28] 车伍，赵杨，李俊奇，等．海绵城市建设指南解读之基本概念与综合目标 [J]. 中国给水排水，2015, 31(8): 1-5.

[29] 李俊奇，王文亮，车伍，等．海绵城市建设指南解读之降雨径流总量控制目标区域划分 [J]. 中国给水排水，2015, 31(8): 6-12.

[30] 车伍，武彦杰，杨正，等．海绵城市建设指南解读之城市雨洪调蓄系统的合理构建 [J]. 中国给水排水，2015, 31(8): 13-17, 23.

[31] 李俊奇，汪慧贞，车伍．城市小区雨水渗透方案设计 [J]. 水资源保护，2004, 20(3): 13-14, 42.

[32] 姚柠炎．绿色基础设施雨洪调蓄弹性与城市内涝发生的不确定性：以陶然亭公园及周边区域为例 [D]. 北京：北京大学，2016.

[33] 张志恒．中关村生命科学园人工湿地作为多功能雨洪调蓄设施的运行效果评价 [D]. 北京：北京大学，2016.

[34] 张书函．北京：海绵城市建设的技术理论与实践 [J]. 建设科技，2015(13): 13-15.

[35] 张书函，潘安君．城市雨洪利用的设计降雨分析方法探讨 [J]. 北京水务，2006(3): 9-12.

[36] 张书函，陈建刚，赵飞，等．透水砖铺装地面的技术指标和设计方法分析 [J]. 中国给水排水，2011,27(22): 15-17.

[37] 孟莹莹，殷瑞雪，张书函，等．生物滞留措施排水系统设计方法研究 [J]. 中国给水排水，2015, 31(9): 135-138.

[38] 孟莹莹，王会肖，张书函，等．生物滞留雨洪管理措施的植物适宜性评价 [J]. 中国给水排水，2015, 31(23): 142-145.

[39] 孟莹莹，王会肖，张书函，等．基于生物滞留的城市道路雨水滞蓄净化效果试验研究 [J]. 北京师范大学学报 (自然科学版), 2013(2): 286-291.

[40] 胡爱兵，张书函，陈建刚．生物滞留池改善城市雨水径流水质的研究进展 [J]. 环境污染与防治，2011, 33(1): 74-77, 82.

[41] 胡爱兵，李子富，张书函，等．模拟生物滞留池净化城市机动车道路雨水径流 [J]. 中国给水排水，2012, 28(13): 75-79.

[42] 殷瑞雪，孟莹莹，张书函，等．生物滞留池的产流规律模拟研究 [J]. 水文，2015, 35(2): 28-32.

[43] 赵飞，张书函，陈建刚，等．透水铺装雨水入渗收集与径流削减技术研究 [J]. 给水排水，2011(S1): 254-258.

[44] 许浩浩，吕伟娅．透水铺装系统控制城市雨水径流研究进展 [J]. 人民珠江，2018(10): 29-33.

[45] 杨婷婷．基于 SWMM 平台雨水系统建模的应用研究 [D]. 青岛：青岛理工大学，2018.

[46] 黎晓路．基于 SWMM 模型的海绵型小区建设水文水质效应评估研究 [D]. 昆明：云南师范大学，2017.

[47] 夏远，党亮元，王颖 . 重庆城市广场“海绵城市”建设中植物景观的应用和思考 [J]. 现代园艺，2018(16): 141-142.

[48] 曹玮，王晓春，张羽 . 基于 SITES 的美国小尺度雨洪管理景观设计：以乔治华盛顿大学 Square 80 广场为例 [J]. 华中建筑，2018(5): 22-27.

[49] 赵宏宇，李耀文 . 通过空间复合利用弹性应对雨洪的典型案例：鹿特丹水广场 [J]. 国际城市规划，2017, 32(4): 145-150.

[50] 张丹，陈凌，郭豫炜 . 海绵城市理念在城市广场设计中的应用 [M]// 中国城市科学研究会 . 2017 城市发展与规划论文集 . 北京：中国城市出版社，2017.

[51] 周雪莲 . 建成环境下海绵城市适宜技术研究 [D]. 南京：东南大学，2017.

[52] 夏帅帅 . 保水性路面在海绵城市广场中的应用研究 [D]. 重庆：重庆交通大学，2017.

[53] 邓康，蔡俊，胡松 . 城市广场“海绵化”设计案例：以南昌市新建区心怡广场改造为例 [J]. 给水排水，2017(4): 50-54.

[54] 余进 . 基于低影响开发理念的重庆市居住区雨水花园设计探讨 [D]. 雅安：四川农业大学，2016.

[55] 胡文韵 . 成都市三圣乡片区绿化用地雨洪管理方法研究 [D]. 成都：西南交通大学，2016.

[56] 李响 . 基于海绵城市理论的小城镇雨洪灾害安全评价 [D]. 哈尔滨：东北林业大学，2016.

[57] 王晓 . 基于低影响开发的海绵街区规划设计研究 [D]. 天津：天津大学，2016.

[58] 陆叶 . 可持续雨洪管理导向下的小城镇公共空间规划研究 [D]. 成都：西南交通大学，2015.

[59] 赵洪婧 . 城市道路广场雨水生态排放方案研究 [D]. 武汉：武汉轻工大学，2014.

[60] 张炜 . 基于雨洪管理的鹰潭刘家调蓄湖公园规划设计 [D]. 武汉：华中农业大学，2013.

[61] 李静洋 . 基于城市景观环境生境营造的场地雨洪系统建构 [D]. 西安：西安建筑科技大学，2010.

[62] 王立杰 . 旱区城市绿化带与雨洪利用技术研究 [D]. 西安：西安理工大学，2007.

[63] 王立杰，牛争鸣，吕欣欣，等 . 城市绿化带雨洪利用的蓄滞作用分析：以宝鸡市北坡生态公园为例 [J]. 西安建筑科技大学学报（自然科学版），2006(6): 782-785.

[64]KALCIC M M,FRANKENBERGER J,CHUABEY I.Spatial optimization of six conservation practices using SWAT in Tile-drained agricultural watersheds[J]. Jawra journal of the American Water Resources Association, 2015, 51(4): 956-972.

[65]WANG C Y, SAMPLE D J,DAY S D,et al.Floating treatment wetland nutrient removal through vegetation harvest and observations from a field study[J].Ecological engineering, 2015(78): 15-26.

[66]YANG F,YANG Y,LI H.et al.Removal efficiencies of vegetation-specific filter strips on nonpoint source pollutants[J]. Ecological engineering, 2015(82): 145-158.

[67] 何强，刘掠，李果，等 . 组合湿地系统对山地城市面源污染的控制效果 [J]. 中国给水排水，2017, 33(3): 28-32.

[68] 王闪 . 城市下凹式绿地和草地对降雨径流磷污染控制效果研究 [D]. 北京：北京林业大学，2015.

[69] 祁晓宇 . 南京市雨水资源化利用及探索 [J]. 江苏科技信息，2018(24): 78-80.

[70] 蔡源浇 . 以海绵城市为导向的城市设计策略 [J]. 建筑设计管理，2018, 35(8): 73-75.

[71] 李晨，徐云兰，钟登杰，等 . 渗滤作用在雨水资源化中的应用研究进展 [J]. 重庆理工大学学报（自然科学），2018, 32(5): 126-139.

[72] 邵丹 . 雨水资源化的城市内涝防治 [J]. 能源与环境，2018(2): 109-110.

[73] 李丹丹，张建瑞，杜华明 . 水资源可持续利用对社会发展影响研究 [J]. 西部探矿工程，2018, 30(4): 181-183.

[74] 魏锦程，程小文 . 海绵城市规划中的雨水资源化利用的规划与管控：以固原市为例 [J]. 建设科技，2018(7): 78-81.

[75] 赵晓峰 . 市政工程管理中的都市生态问题分析 [J]. 建材与装饰，2018(41): 123-124.

[76] 陈晓红，周宏浩 . 城市化与生态环境关系研究热点与前沿的图谱分析 [J]. 地理科学进展，2018(9): 1171-1185.

[77] 闫水玉，朱茜，刘涛，等 . 基于城市生态系统健康评价的规划响应策略研究 [J]. 西部人居环境学刊，2018(4): 54-59.

[78] 余茹，成金华 . 国内外资源环境承载力及区域生态文明评价：研究综述与展望 [J]. 资源与产业，2018, 20(5):67-76.

[79] 张忠德 . 守住生态红线 培养城市气质 [N]. 台州日报 ,2018-09-24(003).

[80] 肖峰 . 关于低影响开发雨水设施的植物选择与设计的探讨 [J]. 花卉，2018(16): 101-102.

[81] 姚建平 ."海绵城市"低影响开发设施改造技术在大型住宅小区中的应用 [J]. 建筑施工，2018, 40(7):1233-1236.

[82] 韦峰，黄任，陈海，等 . 对低影响开发设施设计中"容积法"的若干思考 [J]. 城市住宅，2018, 25(7): 118-120.

[83] 黄铁兰，刘志航，柯锦灿 . 基于暴雨管理模型的广州某城市住区的低影响开发规划 [J]. 人民珠江，2018, 39(8): 99-105.

[84] 陈娟 . 基于低影响开发原则的海绵城市末端措施分析 [J]. 工业建筑，2018, 48(6): 62-66, 71.

[85] 宫永伟，傅涵杰，印定坤，等 . 降雨特征对低影响开发停车场径流控制效果的影响 [J]. 中国给水排水，2018, 34(11): 119-125.

[86] 林灿雄 . 低影响开发设施的分类及选用分析 [J]. 建材与装饰，2018(19): 61-62.

[87] 马莹莹，江淑卉，卢明明 . 我国低影响开发设施效益研究综述 [J]. 华中建筑，2018, 36(4): 20-23.

[88] 石玉胜，肖捷颖，沈彦俊 . 土地利用与景观格局变化的空间分异特征研究：以天津市蓟县地区为例 [J]. 中国生态农业学报，2010, 18(2): 416-421.

[89] 徐进，张琦，郑景耀 . 城市广场设计中地域性景观的表达 [J]. 山西建筑，2018, 44(24): 1-3.

[90] 梁燕 . 现代城市市政广场空间环境规划探讨 [J]. 中国战略新兴产业，2018(36): 44-45.

[91] 牛大平 . 论城市广场园林植物景观营造 [J]. 现代园艺，2018(15): 159-160.

[92] 毛华丽，朱瑞波 . 浅谈地域主题文化在现代广场景观中的空间营造 [J]. 西部皮革，2018, 40(14): 143.

[93] 周碧浩 . 浅析文化城市广场景观设计 [J]. 西部皮革，2018, 40(14): 151.

[94] 王梦娜 . 浅析水景景观在城市广场中的应用 [J]. 明日风尚，2018(13): 320.

[95] 赵梦钰 . 响应地域气候特征的西安城市广场生态设计手法提炼 [D]. 西安：西安建筑科技大学，2018.

[96] 孙士海，黄磊昌 . 绿 • 生态：临沂生态城市广场景观设计 [J]. 花卉，2018(12): 40-41.

[97] 章璐 . 浅谈城市广场园林植物的配置应用 [J]. 花木盆景（花卉园艺），2018(6): 38-41.

[98] 黄若兰 . 城市广场景观中的地域文化表达 [D]. 武汉：湖北工业大学，2018.

[99] 戎尚 . 城市广场公共座椅的绿色设计 [J]. 大众文艺 , 2018(9): 126.

[100] 郭旭阳 . 城市广场中无障碍设计初探 [J]. 中国民商 , 2018(5): 247.

[101] 邬秋瑶 , 朱政 . 浅谈城市开放性休闲广场的人性化设计——以王家湾休闲广场为例 [J]. 四川建筑 , 2018, 38(2): 65-67.

[102] 沙浩 , 王一名 . 从人文环境方面浅谈广场设计 [J]. 西部皮革 , 2018, 40(7): 125.

[103] 李旭 , 禤婷婷 . 中国当代城市广场设计中场所精神的表达与反思 [J]. 湖南城市学院学报 (自然科学版), 2018, 27(2): 44-47.